格局

谢涛◎编著

中国纺织出版社有限公司
国家一级出版社
全国百佳图书出版单位

内 容 提 要

现代社会生存越来越艰难，只有努力提升自己的思想境界，培养好的素养和大格局，人生才会有好的发展和成就。

本书从心理学、人际交往等方面进行深入详细的阐述，告诉读者朋友格局是人生的气象，让读者朋友意识到格局小的局限作用和负面影响，从而坚持自我修炼，扩大人生的格局，努力获得更加精彩充实的人生。

图书在版编目（CIP）数据

格局／谢涛编著. --北京：中国纺织出版社有限公司，2019.10（2023.5重印）

ISBN 978-7-5180-6440-3

Ⅰ.①格… Ⅱ.①谢… Ⅲ.①成功心理—通俗读物 Ⅳ.①B848.4-49

中国版本图书馆CIP数据核字（2019）第153614号

责任编辑：李 杨　　责任校对：寇晨晨　　责任印制：储志伟

中国纺织出版社有限公司出版发行

地址：北京市朝阳区百子湾东里A407号楼　邮政编码：100124

销售电话：010—67004422　传真：010—87155801

http：//www.c-textilep.com

E-mail：faxing@c-textilep.com

中国纺织出版社天猫旗舰店

官方微博http://weibo.com/2119887771

永清县晔盛亚胶印有限公司印刷　各地新华书店经销

2019年10月第1版　2023年5月第5次印刷

开本：880×1230　1/32　印张：5.5

字数：120千字　定价：48.00元

前言 PREFACE

现代社会，每个人都无比渴望成功，甚至心浮气躁，不得不说，成功从来不是一蹴而就的，也没有天上掉馅饼的好事。任何人要想获得成功，就一定要有大格局，只有这样，人生的天地才能开阔，人生的成就也会更大。

俗话说，小窟窿里爬不出来大螃蟹，这句话阐明了格局的重要性。很多人都喜欢吃大闸蟹，却很少有人知道螃蟹在成长的几个月时间里需要经过十几次蜕壳，才能越长越大。如果螃蟹不蜕壳，成长就会受到局限，也就无法长得膘肥体壮，成为上等的大闸蟹。其实，人生的格局，何尝不是一个个壳呢？只有不断地谋篇布局，让格局越来越大，人生之路才会越走越远，若人生被局限住，那就会陷入困境。

很多人都误以为是能力和水平局限了自己的成长与发展，其实不然。当人生拥有大格局，很多事情都是可以转变的。例如，有大格局的人眼界开阔、视野开阔，在做出很多人生中的重要决定时，也就能够及时取舍，当机立断抓住各种好机会，从而获得成就。相反，如果人生的格局太小，无论是做人做事还是看待很多问题，都会被局限住，无法打开思维去把问题想清楚和透彻。从而陷入人生的困境，变得很被动、很无奈。

从某种意义上来说，格局也是与理想和志向密切相关的。有大格局的人就会有远大的志向，而有远大的志向会让人站得高看得远也想得更深，以至看到更远的人生风景，预见到更多的人生前景。这样一来，必然使格局更加大。有格局的人对于自己想要怎样的人生非常清楚，所以他们能够排除私心杂念，在人生的道路上一往无前，而不会因为眼前的小小利益就满足，或者迷失本心。

简而言之，所谓有格局，就是从大处着眼，从不拘泥于眼前的小小利益，更不会鼠目寸光。所谓站得高，看得远，他们总是会努力站到人生中的更高处，从而让自己极目远眺，获得更好的成长和未来。格局，也就是人生的气象。人生能否包容万千，往往取决于格局的大小。正如人们常说的，进一步万丈危崖，退一步海阔天空，任何时候都不要被格局局限住，记住，格局越大越好，只要在确定格局之后脚踏实地去做，坚持不懈勇往直前，人生总会守得云开见月明，迎来柳暗花明又一村！

编著者

2019年4月

目录 CONTENTS

▶ 第1章　格局决定胆量，有所图的人才能有所突破　001

规划人生，绘制理想的蓝图　002

有计划，才有未来　004

有境界，人生才能更开阔　007

有自信，才能畅行人生　009

知道自己想要怎样的人生　012

抓住机遇，让人生收获满满　014

▶ 第2章　你的格局有多大，你生命的宽度就有多宽　017

格局决定人生　018

大格局，让人生与众不同　020

小格局限制人生发展　023

不局限，人生天高任鸟飞　025

听从内心的召唤　028

确立人生格局，距离梦想更进一步　030

▶ 第3章　做人要大气，心量小的人格局大不了　033

有格局的人更大气　034

能承受委屈，胸怀才会更大 036

不较真，退一步海阔天空 038

海之所以成海，是因为在低处 041

学会以幽默化解尴尬 043

学会遗忘，忘性大的人更幸福 045

吃亏是福，善于吃亏才能赢得大利 048

▶ 第4章 决定你发展上限的不是能力，而是格局 051

有大格局，人生没有上限 052

受累可以，受辱不行 053

学会认真倾听，是沟通的第一步 056

中年遭遇失业怎么办 058

智商、情商与职商，缺一不可 061

怎样对待月薪两千的工作 063

▶ 第5章 格局决定眼光，有远见的人拥有未来 067

有眼光，人生才有出路 068

有远见，人生才有财富 070

有见识，人生少走弯路 073

有视野，人生不被局限 075

有付出，人生才有收获 077

有视角，人生才能开阔 081

▶ 第6章 有格局的人有担当，坚强总能迎来希望 085

人生要有格局，做人才有担当 086

人生的每一天都应该翩然起舞 088

世界以痛吻我，我要报之以歌 091

无悔昨日，无惧未来 093

熬得住，才能过好生活 096

与其逃避，不如拥抱苦难 098

▶ 第7章 格局影响选择，有大格局的人总是会取舍 101

知道取舍的人，成就大格局 102

金无足赤，人无完人 104

舍得舍得，有舍才有得 107

接纳寂寞，享受孤独 110

坚持不懈，砥砺前行 112

宠辱不惊，闲看庭前花开花落 115

▶ 第8章 格局决定行为和姿态，我这样做是因为我懂得 119

宽容既是容人，也是成全自己 120

怀有感恩之心，与幸福常相伴 122

严于律己，宽以待人 125

淡然面对，顺势而为 127

缘分强求不来，要会随遇而安 130
摆脱执念，才能从容 131

▶ 第9章　突破思维的桎梏，拓展格局维度 135

避免自我设限，才能无畏腾飞 136
全面看待问题，避免幸存者偏差 138
你想被命运主宰，还是想成为命运的主宰 141
无忧无惧，才能收获更多 143
记住，你不为任何人工作 145
不做应声虫，坚持自己的声音 148

▶ 第10章　提升格局，需要你先提升自身内涵 151

真正的富有是学识渊博，而不是家财万贯 152
知识是获得成功不可或缺的基础之一 154
终身学习，才能始终出类拔萃 157
书籍，是人类的精神食粮 160
技多不压身，何不趁着年轻多学艺 162
专心致志，才能保证学习效果 164

▶ 参考文献 168

第1章

格局决定胆量，有所图的人才能有所突破

现实生活中，大多数人都是普通而又平凡的，过着独属于自己的小日子。然而，即便平凡，也不能平庸；即便碌碌无为，也要活出属于自己的精彩，获得属于自己的成功。实际上，哪怕过着平淡无奇的生活，我们也可以拥有大格局，以更加开阔的眼光去看待身边的一切，这样才能超越世俗生活的琐碎和无奈，获得精神上的满足和丰盈。

规划人生，绘制理想的蓝图

有一只青蛙一直生活在井底，它觉得井底有水，有潮湿的青苔，还可以通过井口看看天空，这就是最美好的生活。直到有一天，另一只青蛙被雨水从地面冲入井底，这只地面上的青蛙告诉井底之蛙：“外面的世界很精彩，有着蓝蓝的天空、轻柔的风，还有更多你从未见过的风景。”井底之蛙不相信：“井底的生活就非常美好，我不相信外面的世界更美好。”地面上的青蛙不屑一顾：“你不相信没关系，有朝一日你去地面上看一看，就知道了。”井底之蛙想留下地面上的青蛙在井底，与它做伴，但是地面上的青蛙一刻都不想留在井底，只想赶快回到地面上过精彩的生活。为此，当有人来打水的时候，地面上的青蛙跳入水桶里，回到了地面。井底之蛙每天都在思念着这个只有一面之缘的小伙伴，终于有一天，它也忍不住跟着水桶来到地面。看着一望无际的天，它不由得感慨：“天啊，原来天有这么大，比我看到的大多了。”

对于一只井底之蛙而言，它所能看到的只有井口处那片小小的天地，根本没有机会见识到更多。其实，不仅青蛙如此，人也是如此。一个人如果始终局限在狭窄的天地中，那么他的眼界就会受到局限，思维也会受到局限。由此可见，每个人要想从容地应对人生，一定要先开阔眼界，人生的天地才会随之变得更加宽广。

其实，对于每个人而言，能够摆正自己的位置，让自己在人生的道路上更加积极主动地奋进，是非常重要的。此外，还要努力让自己站得更高、看得更远。有过爬山经历的人都知道，唯有登高远眺，才能一览众山小。而如果始终停留在山脚下，根本不可能看到山巅的风景。人们常说的目光短浅，实际上就是所处的位置局限了眼光，也阻断了眼光，导致眼光不能看到更远处。

现代社会，很多年轻人都在拼尽全力地提升自己的能力，积累自己的学识，却忽略了最重要的一点，那就是在做很多事情之前，唯有开阔眼界，才能让自己有更长远的眼光，也才能把很多事情做到更好。也只有在开阔眼界的情况下，才能让自己更加努力奋进，从而取得事半功倍的效果。如果只想做井底之蛙，不想努力跳出井底，当然不可能看到更加开阔的人生风景，发展也会受到限制。

对于年轻人而言，不管出身怎样的家庭，有着怎样的教育背景，都可以主动开阔眼界。《假如给我三天光明》的作者海伦小时候因为突如其来的猩红热失去听力、视觉，为此感到人生被困住了，随着不断成长变得非常烦躁易怒。后来，是她的爸爸为她请来了莎莉文老师。在莎莉文老师的耐心指导和用心教授下，海伦学会了认字，也学会了读书，迈入了知识的海洋。虽然她目不能视，但是心却被打开，从此接触到更为精彩丰富的世界。为此，她才能不断地成长，也才能读完大学，成为杰出的作家、慈善家，最大限度实现了生命的价值。可以说，对于海伦的成功，莎莉文老师功不可没，因为是莎莉文老师打开了海伦的眼界。

每个人的眼界各不同，拥有怎样的眼界不但取决于家世背景等无法改变的、出生时已经成为定局的各种情况，而且取决于每个人后天的成长。只要多多读书，经常旅行，也勤于思考、博古通今，眼界就会越来越开阔，人生也会变得不同。

有计划，才有未来

在这个世界上，每个人都是独立的生命个体，每个人也都有属于自己的人生。为此，每个人对于人生都有无限的憧憬，也渴望着在人生的历程中不断地崛起，创造属于自己的成功和辉煌。然而，成功从来不是一蹴而就的，正如天下没有免费的午餐，也没有掉馅饼的好事一样。要想获得成功，要想拥有美好的、值得憧憬的未来，就一定要有计划，才能按部就班地奋勇向前，也才能有的放矢地激发自身的力量，创造生命的奇迹。

一个人制订计划，就好似给人生之路指明了目标和航向。一个人如果没有计划，就像船只在大海中失去了指南针和罗盘的指引，最终必然四顾茫然、不知所踪。当然，制订计划时，既要制订长期计划作为人生目标，也要制订短期计划作为行动的指引。在长期计划和短期计划之间，还可以制订中期计划作为过渡。

现实生活中，有很多人目光短浅，不管是做人还是做事，总是盯着眼前的利益不愿意舍弃，或者捡起芝麻丢了西瓜，导致在人生中陷入困境。实际上，这正是格局小、见识浅的表现。这样的人注定一生之中都将会碌碌无为，也会与失败纠缠不休。古今中外，但凡能够获得成功者，并非人们想当然的那样拥有得天独厚的条件和别人所没有的天赋，反而会遭受到生活更多的磨难和坎坷。他们与失败者最大的区别就在于，他们能够迎难而上，摆脱困境永不轻易放弃。

有人说，没有计划的人，未来一定会被计划掉。乍听起来，这句话似乎有些危言耸听，实际上，这句话非常有道理。从根本上来说，人固然可以在生活中随机应变，发挥主观能动性，但是想走得更远，必须计划做指引。徐小平作为新东方的创始人之一，就非常重视计划的作用，他说，一个人如果没有计划，那么最多经过三天就要忍饥挨饿。的确如此。这里所说的挨饿，不是指的是吃不上饭，而是指成长停滞不前，人生缺乏养分。作为年轻人，我们一定要正视计划这件事情，这样才能最大限度地认识到计划的重要性。

在美国，有一个人名叫戈尔德。戈尔德原本默默无闻，但是当15岁的他在人生计划表上写满了100多个目标的时候，他几乎一夜成名，为众人所熟知。除了少部分人对他的计划慨叹万千之外，更多的人都对他的计划不以为然。因为他的计划项目众多，而且有些计划实现的难度很大。但是，戈尔德一心一意想要实现人生的这100多个计划。自从15岁把计划罗列出来之后，漫长的岁月里，戈尔德都在按部就班地完成计划：16岁，他跟随父亲去探险，完成了第一项人生计划；18岁，他正式离开家乡，开始了漫长的人生征途；20岁，他成为人人羡慕的空军驾驶员，这样一来，他完成计划的速度大大提升；21岁，他就已经去了二十几个国家……就这样，戈尔德始终都在为了实现计划而努力。到了60岁时，他已经完成了106项计划，真正实现了人生中106个目标。他自信地认为，自己才60岁，对于所剩无几的20多个计划，完全有时间、有精力去完成。

戈尔德是如何做到的呢？实际上，这就像是一个小学生在周末的时候面对老师布置的、堆积如山的作业一样，看起来千头万绪无法完成，但是只要沉下心来一项又一项地去做，就可以把作业一一完成。也许会慢一些，但是总归会完成的。戈尔德也是这么去做的，就这样不急不躁，完成一个又一个计划，从而创造了平常人认为根本无法实现的奇迹。

人生的时光很漫长，也很短暂，如果没有计划，始终浑浑噩噩，无形中就会浪费宝贵的时间。只有在计划的指引下，每天都坚持完成相应的事情，才能积累跬步，到达千里之外。此外，在制订计划的时候，既不要过于保守，也不要过于冒进，只有那些经过努力能够实现的计划，才能激励人们努力进取，也才能给人带来成就感。所以在人生中先不要急于去做什么，而是应该先以制订计划的方式为人生提纲挈领，这样才能让人生秩序井然、有条不紊地进行下去。

有境界，人生才能更开阔

现实生活中，命运从来都不是公平的。例如，有的孩子从一出生，他的爸爸就叫马云，而有的孩子出生在贫苦的家庭里，哪怕非常努力，穷尽一生去拼搏进取，也未必能够达到马云家孩子一出生就拥有的高度。不得不说，这完全是对马云家孩子的误解。因为出生在哪个家庭里完全是随机的，不是孩子可以决定的，此外，孩子在出生的时候，他的爸爸马云还不能像今日这样在互联网里呼风唤雨和威风无限呢！既然如此，就不要再幻想自己的爸爸是马云，与其把希望寄托在别人身上，何不让自己努力成为马云一样的人物呢！这样一来，你的境界提高了，你不再抱怨和消极，全身充满积极的动力，督促和鞭策自己努力向前，绝不畏缩。

所谓境界，就是人的眼界、心胸和气度等的综合表现。有境界的人，人生才会更加开阔；有境界的人，也才能点燃生命的热情，赋予自己更加强大的力量。曾经有心理学家指出，大多数人的先天条件都是相差无几的，而之所以有成功者和失败者，就是因为成功者有境界，能够怀着积极的态度面对失败，也总是无所畏惧地努力尝试，但是失败者却总是怀着消极的态度面对失败，也常常会在遭遇小小的挫折和打击之后就一蹶不振。

古今中外，大凡成功者也许没有过人的天赋，也没有贵人相助，但是他们都有一个共同点，那就是面对失败勇往直前，绝不放弃。正因为如此，人们才说，一个人起点低没关系，最重要的是境界一定要高。看看那些成功者，真正的富二代少之又少，而大多数成功者都是白手起家，从零开始，他们最大的财富就是拥有更高的境界，所以看问题会更长远，思考问题会更深入。

毫无疑问，如今的年轻人，绝大多数人都不是出身豪门，这也就注定了每个人都要坚持不懈地努力，才能最终与命运博弈成功，也才能突破和超越自我。成就和铸造自己。青春，就是用来奋斗的，而不是用来挥霍的。对于年轻人而言，不要肆意挥霍青春，对生命中的一切不以为然，而是要更加珍惜时间、把握时间，才能在最美好的年纪里成就自我，缔造自我。

英国前首相丘吉尔是一个非常大气磅礴的人。在第二次世界大战期间，英国一开始面临的局面很糟糕，但丘吉尔没有失去斗志和精气神。他通过广播告诉英国人民："战争从来都是艰难的。要想赢得这场战争，我们每个人都必须冒险，都必须付出血汗，以生命为代价，才能最终获得胜利！但是，我要告诉你们的，我们一定会胜利，我们终将会胜利！"在丘吉尔的鼓舞之下，每个英国人都为赢得战争贡献力量，最终获得了彻底的胜利。

不但战场上的胜利需要通过全力以赴的拼搏才能获得，在如今的和平年代，我们也要努力拼搏和进取，才能获得胜利。就像高尔基笔下的海燕，如果在暴风雨到来的时候不能勇敢地飞翔，那么就会坠入海水中死亡。作为一个独立的生命个体，我们不但要善于拼搏，而且要善于以自己的努力赢得更多的机遇，为自己获得成功奠定基础。

现实生活中，几乎每个人都渴望获得成功，然而成功从来不会轻而易举就获得。很多人面对人生的失意，常常抱怨自己起点低，没有良好的家世背景，却忽略了自身坚韧不拔的毅力和坚持不懈的努力。任何时候，成功都有着卑微的起点，只要你也愿意从低处的起点开始腾飞，只要你在面对困难和挫折的时候从来不放弃努力，你就一定会改变命运，主宰人生！

有自信，才能畅行人生

常言道，海阔凭鱼跃，天高任鸟飞。然而，如果出现了好的展示机会，而作为生命主体的人缺乏自信，常常会畏缩和胆怯，那么也不可能真正畅行人生。这正是每个人都渴望成功，但是真正能够获得成功的人却少之又少的原因。古人云，天时地利人和。实际上，要想获得成功，需要比天时地利人和更多的因素综合作用。

每个成功者都有自己的成功之道，也有成功的各种原因。而且，获得成功的他们还有着独特的品质和与众不同的优势与长处。但是，所有的成功者都有一个共同点，那就是他们都很有自信。自信的人，能够勇敢地挑战困难，突破困境。相反，自卑胆怯的人，即使遭遇小小的挫折也会马上放弃努力，因为他们不相信自己在人生之中将会获得成就，也不相信自己将会有所收获。从本质上而言，不是外界禁锢了他们，而是内心的胆怯和畏缩为他们铸就了铜墙铁壁，让他们无法摆脱困顿。

对于每个人而言，要想获得成功，都必须具备自信的品质。古今中外，无数伟大的人物在事业上做出成就，在人生的巅峰绽放光彩，就是因为具备自信的品质。

很多喜爱音乐的人都知道小泽征尔是举世闻名的指挥家。实际上，小泽征尔一开始的名气并没有这么大，也没有得到众人的瞩目。正是在一次国际比赛上的自信表现，小泽征尔才声名大噪，走入众人的视野。

原来，在这场国际大赛上，小泽征尔出场的顺序非常靠后。他尽管有些着急，但是却没有因此而对比赛有丝毫含糊。在拿到乐谱之后，小泽征尔开始指挥乐队演奏。然而演奏过半，突然出现了一个不和谐的音符。一开始，小泽征尔以为是乐队演奏失误，为此让乐队停下来，重新演奏。然而，演奏过半的时候，那个不和谐的音符又出现了。这个时候，小泽征尔认真研究乐谱，发现乐谱上的一个地方出错了。再三确认过错误之后，小泽征尔把这个错误反馈给大赛组委会、评审团，没想到在场专家全都说乐谱没有错。小泽征尔沉默片刻，坚定不移地说："就是乐谱出错了，我很确定。"小泽征尔的话音刚落，在场的专家全场起立鼓掌，宣布小泽征尔获得了比赛的冠军。

小泽征尔恍然大悟，这个错误是组委会特意设置的考题。在小泽征尔之前，虽然也有两个指挥家意识到乐谱的错误，但是却在遭到专家们的否定之后，选择相信专家，而收回了自己的观点。这场比赛，只有小泽征尔不畏惧权威，勇敢地坚持自己的判断。这份自信和从容，让小泽征尔当之无愧地成为大赛冠军。

如果没有自信，小泽征尔恐怕也会和之前其他的选手一样，或者对于错误听而不闻，或者在权威之下表示屈服。正是自信，才让小泽征尔更加勇敢地面对权威，不惧怕专家们的否定。

现实生活中，每个人都会遇到与他人意见相左的情况。每当这时，如果对自己的判断有信心，就一定不要轻易改变，否则就会陷入迷茫之中，也会使成长面临更大的困境。记住，任何时候，我们都要勇往直前，无所畏惧，若确定一件事情是对的，就要坚持去做，这样才能全力以赴成就人生。如果人生总是犹豫不定，瞻前顾后，那么即使面对千载难逢的好机会也无法抓住。

记住，当你爆发出自信的力量，全世界都会为你喝彩！

知道自己想要怎样的人生

一个人的人生最终会呈现出怎样的样子，不是由命运决定的，而是由自己决定的。知道自己想要怎样的人生，是如愿以偿获得想要人生的关键。遗憾的是，在现实生活中，偏偏有很多人不知道自己想要怎样的人生，也常常会在迷惘和徘徊之中失去人生的很多机会。不得不说，这种迷茫的状态会导致人生如同在漫无边际的大海上航行，也会使人生变得更加糟糕。所以如果你不知道要做什么，就先问清楚自己的内心。唯有如此，才能在人生的道路上目标明确、勇敢无畏地向前。

知道自己想要怎样的人生，说起来很容易，也许用幻想就能规划人生，但是做起来却很难，因为想象与现实之间隔着遥远而又漫长的距离。每个新生命从呱呱坠地的那一刻就成为这个世界上独一无二的生命个体，为此，必须非常努力且辛苦地面对人生，才能更加坚定不移、执着前行。如果稍有懈怠，也不知道自己的梦想所在，就会迷失方向，在人生的海洋中不知所踪。最关键的在于，一定要非常勤奋和辛苦，才能持续地进取，不断地成长。

在这个世界上，人与人之间的先天条件其实相差无几，之所以活出来的人生与众不同，有的人登顶成功的巅峰，而有的人却始终都在谷底徘徊，就是因为他们面对人生的态度不同。任何时候，我们都要认真地思考人生。所谓磨刀不误砍柴工，如果不思考人生，总是浑浑噩噩地活，那么也许付出很多，最终却没有得到想要的结果。只有目标明确才能行动果敢，所以身未动，心已远，人生必须在思考先行的基础上再努力地付诸行动，才能取得更好的结果。

奥斯特洛夫斯基在《钢铁是怎样炼成的》之中写道：人，最宝贵的是生命。对于每个人来说，生命都只有一次机会。的确，爱下象棋的人也这样形容人生：落棋无悔。这都是因为人生没有重来的机会。要想把控人生，我们作为一个普通而又平凡的生命，必须尊重人生，也必须努力地经营好人生。唯有如此，我们才能在成长的道路上不断地向前，努力地进取，也才能在成功的路途中坚持奋进，绝不懈怠。

每个生命都是历史长流中的过客，也是时间的旅者。然而，这并不意味着我们只能随着时光长河的流淌而漫无目的地前行。即使生命短暂得如同白驹过隙，漫长得犹如光年，我们也要非常努力，才能一往无前，保持进步的姿态。有人说，每个人都是自己的上帝，都是自己的救世主，这个说法很正确。对于每个人而言，只有自己才能拯救自己，而不是其他任何人。

从此时此刻开始，我们就要收回命运的主权，不因为外界的任何风吹草动而改变自己，也不因为他人的随意评价和否定就彻底迷失自己。要知道，真正的人生把握在自己手中，每个人唯有在人生的道路上一往无前地进取，才能最大限度地激发生命的力量，也才能全力以赴过好属于自己的人生。赶快开动脑筋想一想自己想要怎样的人生，也许这会耽误你一些宝贵的时间，但这是为了让你更加珍惜生命的时光，也是为了让你在成长的道路上不忘初心，砥砺前行。

抓住机遇，让人生收获满满

对于人生，每个人都有不同的见解。有人觉得人生是漫长的，长得熬不到头；有人觉得人生是短暂的，如同白驹过隙。作为组成生命唯一的材料——时间，对于每个人都做到了绝对的公平，但是每个人因为自身各种因素的影响，对于人生却有完全不同的理解和感悟。人人都知道珍惜时间的道理，真正能够做到对时间分秒必争的人却少之又少，就这样，他们在时光的流逝中白了头发，不由得感慨生命就在一瞬间。当然，一个总是错过时间的人，也是不可能抓住机遇的。正如人们常说的，机遇总是留给有所准备的人，由此可见，只有珍惜时间的人才能准备充分，也只有珍惜时间的人才能抓住机遇。

现实生活中，常常有某某人“一夜成名”的新闻，实际上一夜成名只是局外人对于他人成功的粗浅了解而已。这个世界上从未有免费的午餐，也没有天上掉馅饼的好事，更不可能有一蹴而就的成功。作为局外人，与其羡慕别人一夜成名，不如想一想别人在真正成功之前忍受了怎样寂寞难熬的时光。不要盲目羡慕别人的一夜成名，与其浪费时间去徒劳地羡慕别人，不如脚踏实地把更多的事情做好，这样才能持续积累，也才能让自己面对成功的机遇时底气十足，从容不迫。

有人说，人生只有三天的时间，即昨天、今天和明天。很多人都在为逝去的昨天感到懊悔，认为自己昨天做得不够好。殊不知，在这样的懊丧之中，就连对于今天的把握也失去了。至于明天，并没有真正到来。在人生的三天之中，今天起到了承上启下的作用。只有活在当下，过好每一个今天，我们才能拥有充实的昨天，也才有值得期待的明天。如果虚度了当下，就会陷入人生中的被动状态无法自拔，始终懊丧、抱怨，毫无疑问，这些都是人生的负面能量。

还有人抱怨命运不公，从来没有给自己机会。的确，命运从来不是公平的，但是只要我们奋起直追，努力做好准备抓住机会，总是能有效地扭转命运。偏偏，机会就像好人坏人的脸上没有写字一样，也常常会以乔装打扮的方式出现在我们的生命中。那么，我们就要练就火眼金睛，处处留意身边的机会，才能在第一时间识别机会。有的时候，为了抓住机会，我们不得不非常努力去争取，也需要在至关重要的危急时刻赶紧三步并作两步，这是最重要的。

在人生的关键时刻，总有一些人内心动乱，不能坚持自己做人做事情的原则，最终面对利益心驰神往，却因为想走捷径而鸡飞蛋打，毫无收获。实际上，那些内心笃定的人看起来不够机灵，但因做任何事情都脚踏实地，反而会拥有好运气，抓住不期而至的机会，主宰命运。当然，这看似偶然，却有着很大的必然性，那就是这些内心笃定者清楚地知道自己想要怎样的人生，也会坚持人生的理想和原则，坚持做人的底线。正因为如此，他们才能以不变应万变，也才能以一贯的态度获得命运的馈赠。

第2章

你的格局有多大，你生命的宽度就有多宽

人生是一场未知的旅程，没有人知道终点在哪里，更没有人能够决定人生的长度。既然如此，就让我们扩大格局，从而改变生命的宽度。对于有限的生命而言，在长度未知且不变的情况下，当宽度拓宽，人生就会更加丰富充实，富有意义。

格局决定人生

如今，有些人把金钱和权势看得至关重要，甚至因此而把感情看轻了。实际上，人生的根本是什么呢？所谓的官职高低、金钱多少，对于人生并不会有本质性的影响，甚至与人生能否获得幸福感也毫无关系。因而从本质上而言，一个人必须有格局，才能拥有更理想的人生。

什么是格局呢？仅从字面上来理解，也许你会一瞬之间想到方方正正的田字格，的确，框架也许就是对于格局最粗浅的理解。然而格局还有更深层次的意思，即布局，也就是事情的局势。把格局用在人生之中，则重点指的是人的胸襟和眼界。有格局的人总是能够站得更高、看得更远，也能够对于人生未雨绸缪、提前谋划。而没有格局的人，人生如同一盘散沙，组成生命的各种材料常常会变得松散，不可整合。在电影《一代宗师》中，有人对于格局给出了非常好的解释，那就是“看自己，看天地，看众生”。简而言之，格局就是人的内在布局，也会不同程度地体现在外在生活之中，从而决定了一个人的眼界、胸襟、气魄、胆识等。

很多人都喜欢苍鹰在蔚蓝的天空中展翅翱翔，就是因为苍鹰能够立足高远、俯瞰大地。还有的人喜欢蛟龙，因为蛟龙能够呼风唤雨，似乎能掌控一切。做人，当然都想拥有充实精彩的人生，但是，出类拔萃的人生不是生而具备的，每个人必须在后天成长的过程中不断地提升和完善自己，才能有的放矢面对人生的各种改变。记住，鼠目寸光的人在人生之中很难有好的发展，只有不断地激励自我、开阔眼界，让自己获得长足的进步和成长，才能最大限度地圆满人生，也才能真正让自己活得精彩和不凡。

在现实生活中，但凡能够成就大事者，无一不是有格局的人。而那些总是盯着眼前的利益，或者为了各种不值得的小事情斤斤计较的人，一定会陷入各种被动的局面中无法自拔。所以我们一定要有大格局，这样才能让自己拥有开阔的胸襟和气度，也才能在处理很多事情的时候不再斤斤计较蝇头小利，而是能够全力以赴地去做好该做的事情。任何时候，都不要觉得人生是一场戏，因为戏剧有排练和预演的机会，人生却没有。每个人对待人生都要有认真慎重的态度，更要知道人生不仅仅取决于命运，更取决于每个人自身的努力。任何时候，我们都要尽量开阔自己的眼界、放大格局，这样成功才会不期而至。

常常有朋友抱怨，人生的道路越走越窄，自己都不知道应该何处遁形，实际上，这样的人生是非常被动的。作为独立的生命个体，我们必须非常辛苦和努力，也要放大格局，才能让人生拥有更开阔的道路。如果说人生是一盘棋，那么格局就是决定棋局的关键因素。在人生的过程中，我们必须用心对待每一次拼搏和厮杀，也必须更加全力以赴、运筹帷幄，才能把人生这盘棋下得恰到好处。需要注意的是，人生往往会有很多的困境和磨难，要想下好人生这盘棋，就要抓住每一次机会，做到运筹帷幄，决胜千里。

大格局，让人生与众不同

看了前文的内容，相信有很多朋友都已经意识到人生有大格局的好处。那么，如何才能扩大人生的格局，从而让人生大开大合，有好的发展和值得期待与憧憬的前景呢？民间有很多俗话，如小窟窿里爬不出大螃蟹、再大的饼也大不过烙它的锅等。实际上，这都在告诉我们一个道理，那就是烙饼有多大，取决于锅有多大。很多时候，锅会限制饼的大小。由此可见，要想用人生这口锅烙出大饼，我们首先要让锅变大。

从古至今，不管是国家、民族还是个人，要想发展，都必须扩大格局。在商场上，一个企业要想有发展，必须有格局，才能开拓思路，打破局限，从而不断地推陈出新，赢得好的发展。作为个体，要想让人生与众不同，唯一可行的办法就是扩大格局。所谓谋大事者必须布置大格局，要想下好人生这盘棋，每个人都应该先布局，才能拥有格局，也才能在格局的指引下按部就班地行动，拼尽全力地去努力，从而拥有与众不同的人生。

古往今来，但凡成就大事业者，无一不是拥有大格局的人。古代韩信能忍胯下之辱，就是不想让自己的性命葬送在一时的意气之争上。刘备之所以能够成为三分天下的霸主之一，也是因为他胸怀天下，不因小事而斤斤计较，他知人善任，把很多事情都做得非常好。不得不说，一个人必须能够从自身跳脱出来，站在更高的客观角度上看待问题，才能准确定位自己，也因此能够高屋建瓴，拥有大格局。

当心变大了，世界就会变小。当心变小了，一件小小的事情也会让人心装不下。现实生活中，很多人羡慕他人宠辱不惊，总是能够坦然从容地面对很多事情。殊不知，这样的人生境界不是随随便便就能达到的，而是要拥有开阔的胸怀。唯有如此，人生才能拥有广阔的天地，真正做到“海阔凭鱼跃，天高任鸟飞”。

很久以前，有一个园艺师很想发家致富，为此请教富翁如何才能赚取更多的金钱。富翁说了一些致富的理念，园艺师都听不懂。为此，富翁直截了当告诉园艺师：“我有一片土地，我来买树苗，你来负责维护，等到过几年树成材了，咱们卖掉树木，每个人都能分到一半的利润。”一听到自己要付出几年的辛苦，才能看到利润，园艺师不由得感到担心：万一我被骗了呢？万一树木都死了呢？思来想去，他拒绝了富翁：“这是个大生意，我觉得我做不来。”

摆在眼前的致富机会，园艺师为何眼睁睁地看着它溜走呢？实际上，就是因为他害怕改变，也因为他不愿意承担风险，当然，最根本的原因还是他没有大格局。一个人如果目光短浅，思考问题的时候只能看到眼前的蝇头小利，他的确不能有大视野。古代，范仲淹说“先天下之忧而忧，后天下之乐而乐”，这正是心怀天下的表现。作为新时代的年轻人，我们生活在和平年代，固然无须为了战争和民生疾苦而操心，却也应该胸怀大志，这样才能在人生道路上不断地突破和成就自我，也才能积极地接纳新生事物，努力提升自己，完善自己。

总而言之，拥有大格局，人生才会与众不同。如果你现在依然没有大格局，那么就要从以下几点开始做起：首先，要想清楚自己想要怎样的人生，也要明确自己的未来应该如何度过。很多人穷尽一生浑浑噩噩，即使到了人生的暮年，依然不知道自己真正想要的人生是怎样的，更不知道自己如何才能充实精彩地度过一生。不得不说，这样的人白白浪费了人生的宝贵时光。其次，要有鲜明的个性特点。有大格局的人不会人云亦云，而是坚持初心，不轻易地改变。也因为对于人生目标明确，他们在展开行动的时候会当机立断，而不会有片刻迟疑。再次，要有广阔的胸怀。现实生活中，很多人都容易被琐碎的小事缠身，实际上，这样的小事并不值得我们去浪费大量的时间和精力投入其中。最重要的是，我们应该避免斤斤计较，全力以赴做好该做的事情。古人云，不积跬步，无以至千里；不积小流，无以致江海，在不断积累经验的过程中，我们也要有广阔的胸怀，避免无谓地动怒。最后，必须有开阔的眼界，有长远的目光。很多人在没有到达一定的高度之前，眼光就被局限住了。实际上，要想领先于时代和潮流，就不能被生活的节奏驱赶，而是应该笨鸟先飞，领先于生活的节奏，这样才能占据主动权。记住，就算你还没有到达相应的人生高度，也可以通过各种方式开阔自己的眼界，从而让自己站得更高、看得更远。

小格局限制人生发展

小的格局，总是会让人陷入自我设限的不良状态之中，也常常使人无法打破自身的局限，有的放矢地去发展。常言道，心有多大，舞台就有多大。实际上，这句话也可以换一种说法，那就是格局有多大，人生的成就就有多大。有大格局的人很少因为一些不值一提的事情就怨天尤人，而是能把眼光看得长远。然而，格局小的人则恰恰相反，他们总是因为各种各样的小事情就抱怨，也因为生活不如意而总是愁眉不展。殊不知，这样的人生往往会充满负能量，也因此远离幸福和快乐。

家里喜欢养殖绿植、盆花的朋友都知道，栀子花如果放在花盆里种植，则一直都长不高大。如果把栀子花移植到空地里去生长，那么栀子花的根部就会不断地成长，栀子花也会变得越来越强壮。在植物界，很多植物都是如此，如石榴、月季等。要想让这些植物长得高大，开出更多的花朵，就一定要给予它们辽阔的土地去生长。其实，人生何尝不像一株植物呢？如果始终把人生栽种在盆里，人生总也不能成长和成熟起来。只有经历风雨，人生才会变得更加有闯劲，更加勇往直前、无所畏惧。

在“双11”时，很多热衷于网购的年轻人彻夜不眠地在淘宝、天猫上购物。他们一定都非常佩服一个人，那就是马云，甚至还有的年轻人抱怨自己的爸爸为何不是马云呢！由此可见，马云已经家喻户晓。实际上，马云就是一个有大格局的人。马云的眼光非常好，在互联网刚刚兴起的时候，他有幸在国外接触到互联网，回到国内就萌生出一个伟大的梦想。这个梦想即使不被伙伴们看好，马云也一直坚持，因为他坚信未来将会是互联网的天下。正因为曾经的坚持，马云才获得了如今的成功。

一个人如果没有大格局，人生就不会有大的成就。早在20多年前，宋凯就和媳妇一起来到北京，跟着亲戚一起学习做生意。在经历了最初的发展阶段后，宋凯意识到应该扩大经营规模，但是媳妇却很害怕：“不行啊，现在稳稳当当赚钱就挺好的，怎么能扩大规模呢！万一扩大规模不成功，再把已经赚到手的钱赔进去，可不就太糟糕了吗！”就这样，宋凯听媳妇的劝说，不再动扩大经营规模的念头。然而，几年之后，互联网就发展起来，很多人都开始在淘宝上开店，也有很多人成为淘宝的忠实顾客。这样一来，宋凯的生意越来越差，最终不得不关张大吉。

对于每一个人而言，人生的机会常常转瞬即逝，为此要想在成长过程中有更好的发展，就要随时做好准备，抓住千载难逢的好机会。唯有如此，才能不断地成长，也才能持续地进步。当然，格局并非是与生俱来的，当觉得格局太小，不如调整心态，从而用更加坚定不移的态度面对人生，也以更加包容的态度接纳人生。任何时候，都不要盲目自尊自大，因为正如常言所说的，谦虚使人进步，骄傲使人落后。作为人，必须更加积极主动地做好自己该做的事情，才能全力以赴在人生的道路上砥砺前行。

此外，要想提升和扩大自己的格局，就要对自己有正确的认知。必须知道，不管是妄自菲薄还是妄自尊大，都会让人生陷入困境，无法取得有效的发展。我们必须脚踏实地，点点滴滴去付出和努力，才能有的放矢改变人生，也才能真正地让人生有更好的成长。

不局限，人生天高任鸟飞

曾经，有心理学家做过一个实验，即把跳蚤放在一个玻璃的瓶子里。跳蚤在瓶子里很着急，很快就从玻璃瓶口跳出来，获得了自由。然而，有一天，心理学家在玻璃瓶口放了一块透明的玻璃盖板。这样一来，跳蚤每次跳到瓶口的高度就会撞到玻璃盖板上，不由得眼冒金星、天旋地转。如此被伤害的次数多了，跳蚤变得聪明起来，它们再跳跃的时候，就努力控制好力度，把跳跃的高度控制在低于玻璃盖板的高度。结果，跳蚤跳跃了很多次，也没有碰到玻璃盖板。这个时候，心理学家把玻璃盖板取下来，观察跳蚤会跳跃到哪个高度，结果让心理学家很惊讶：虽然取掉了玻璃盖板，但是跳蚤依然跳到玻璃盖板以下的高度，再也无法跳出敞开着口的玻璃瓶了。不得不说，跳蚤正是因为玻璃盖板的阻挡，限制了自身的能力，所以才无法跳出玻璃瓶。

这种现象不仅仅发生在跳蚤身上，现实生活中，有很多人在面对成长和发展的时候，也会情不自禁被局限住。例如，有些人在经历过一次失败之后，马上失去自信，变得自卑和没有把握。为此，再做相似的事情时，他们常常会非常迟疑，不知道自己如何做，才能有所成就。所谓一朝被蛇咬，十年怕井绳，说的就是这个道理。此外，当外部环境不如意的时候，也有很多人会受到影响，他们或者意志消沉，或者无精打采，总之会变得非常懊丧。任何时候，我们都要有的放矢地去面对人生，才能从容不迫地获得成长。

不可否认的是，局限是始终存在的。若局限限制了我们的发展，就会产生很大的负面作用。当局限对于我们的发展没有太大的影响，那么局限就不会禁锢我们。所以我们要做的不是打破局限，而是让格局变大，这样一来局限也就不复存在。

现实生活中，人人都渴望获得成功，也都希望能够远离失败，在人生的道路上一往无前。实际上，面对苦难始终畏缩和逃避的人，是人生的弱者。真正的人生强者，不但能够坦然面对和接纳命运，也能够承担失败的损失。要想成为勇敢者，在人生的海洋中弄潮，就必须拥有积极乐观的心态。记住，一个人唯有心中充满希望，才能清楚心底的黑暗，也才能让人生拥有领航灯，拥有明确的方向。

正如人们常说的，机会总是留给有所准备的人的，这句话就告诉我们必须时刻准备好，才能在关键时刻勇敢地抓住机会，才能在千载难逢的好机会到来之时绝不迟疑。勇敢的人不但时刻准备着，而且面对常规，他们也富有非常强烈的创新精神和特别强大的意志力，因而做到不忘初心，砥砺前行。

常言道，海纳百川，有容乃大。这就告诉我们一个人必须有大的格局，才能容纳更多的东西。如果心眼比针尖还小，是无论多么努力都无法获得成功的。从本质上而言，当被困难阻碍的时候，实际上不是困难本身使人害怕，而是人心中的退缩和无奈。就像有人说过，真正使人恐惧的是恐惧本身。

我们一定要相信自己的力量，也要坚定不移地做人生强者，才能在成长的道路上不遗余力，不忘初心，也最终到达成功的彼岸。记住，要想成功，要想飞得更高，就要打破局限，就要拥有大格局，你准备好了吗？

听从内心的召唤

在心理学上，有一个非常著名的心理现象和理论，就是从众心理。所谓从众心理，通俗地说，也叫随大流心理，指的是人们在做很多事情的时候，没有自己坚定不移的想法，也不敢坚持自己的主见，总是盲目地跟随他人，总是随随便便就放弃自己的原则和底线。不得不说，这样的表现是非常糟糕的，也是不利于自身成长和发展的。每个人都是这个世界上独立的生命个体，都有着自己的脾气秉性和思想观念，也有自身独特的情况。为此，不管是思考问题还是做出选择，都要从自身的实际情况出发，才能有的放矢地发挥自身的能力，获得长足的成长和发展。

不仅在生活中，在工作上，我们也要时刻保持清醒，这样才能有的放矢地面对未来。记住，我的人生我做主。很多时候，你听到别人总结的成功经验很不错，但是当你把经验照搬到自己的身上时，却发现并不适合自己，这是因为每个人的人生情况不同。因而不要盲目羡慕别人的成功，也不要总是希望自己活成别人的样子。你有你的人生，你有你的未来，你必须非常坚定不移、勇往直前，才能最大限度地激发生命的力量，活出独属于自己的精彩。

虽然每个人都是这个世界上孤独的旅行者，虽然每个人都是时光的匆匆过客，但是每个人依然要活出自己的姿态，拥有自己的精彩，这样才不枉来到人世间走一遭。对于每个人而言，都要坚守住自己的心灵，才能让内心更加充实，才能让人生更加精彩。所谓坚持，不是固执，也不是故步自封，而是在成长的过程中与时俱进，又不忘初心。

苹果的创始人乔布斯曾经说过，每个人不管做什么事情，都要问清自己的内心。实际上，遵循内心只是通往成功的第一步，一个人必须更加问清楚自己想要怎样的人生，才能在实现内心真实想法的过程中，拥有更好的表现。实际上，作为一个有大格局的人，乔布斯就算不创始苹果，也会有其他独特的成就。因此有人说是苹果成就了乔布斯，并没有道理。可以说乔布斯与苹果是相互成就的。

在中国文学史上，胡适先生是首屈一指的人物。实际上，胡适当年去国外留学的时候，哥哥曾经再三叮嘱他一定要学习有用的东西，干实业。为了遵从哥哥的意思，胡适到了国外曾经有一段时间学习农学，然而，思来想去，他始终无法抵挡文学的魅力，更无法打消对于文学的喜爱。最终，他还是转专业，到了文学院进行学习。正因为胡适当年的这个决定，中国文坛上才多了一位才华横溢的作家。正因为如此，1958年，胡适在演讲中引导大学生选择对口专业的时候，才告诉学生要依着“性之所近，力之所能”，遵从内心的召唤去选择合适的专业。

每个人都要选择适合自己的事情去做，也要遵从内心的召唤去做人做事，才能获得更加长足的进步和发展。如果总是违心地去决定人生中的很多事情，也总是违心地在成长过程中告诉自己人生的去向，最终不但一事无成，还会白白浪费人生中宝贵的时间。记住，任何时候，都要做最真实的自己，因为高超的模仿也无法使你成为别人。既然如此，就活出自己的样子，拥有自己的精彩人生！

确立人生格局，距离梦想更进一步

“怀才不遇”是很多人对于那些有独特才华却又始终碌碌无为的人一个非常客气的定义。实际上，现代社会中机遇这么多，真正有才华的人很少会怀才不遇，相反，当他们发力表现自己，也用真实能力证明自己时，他们就可以通过各种方式成功。正如人们常说的，是金子总会发光的，真正有才华的人也许这条路走不通，但是却会在另一条路上走出来，最终到达人生的繁华罗马城。所谓条条大路通罗马，说的正是这个意思。

古今中外，有无数伟大的人物在人生道路上获得了成功，实际上，他们之所以能够成功，并非是偶然的，只不过有些不知道内情的人觉得他们是一夜成名的，或者轻松获得了成功而已。举个最简单的例子，在牛顿发现万有引力之前，一定不是只有牛顿被树上掉下来的苹果砸到过。那么，为何那些也被苹果砸到过的人，就没有发现万有引力呢？是因为他们从来不对力学感兴趣，也是因为他们从未像牛顿这样在被苹果砸中之前做好了知识的储备。因而你所看到的成功，都是别人在熬过漫长的阶段之后才获得的成功。

当然，要想获得成功，还要历经辛苦和磨难，而且要确立梦想和方向，才能不忘初心，砥砺前行，距离梦想越来越近。梦想之于人生有着重要的作用和意义。有梦想的人生得到了指引，总是能够不断地向前。而没有梦想的人生就像在漫无边际的大海上漂荡，总是难以避免无影无踪的厄运。因而明智的人都会在心中树立梦想，也会切实展开行动去实现梦想，这样自然能在成长的过程中不断地努力奋进，获得进步。

2018年，杰出的科学家霍金去世了，整个世界都对霍金的离去表示哀悼。这不仅是因为霍金是一位非常杰出和优秀的科学家，也因为霍金身残志坚，始终奋斗在科学的道路上，为更多的普通人做出了榜样。

霍金也拥有幸福的童年和少年。然而，在20岁前后，霍金被诊断患上了严重的疾病，从此之后肌肉严重萎缩，不得不被禁锢在轮椅上。然而，在霍金遭到如此厄运打击的情况下，命运也没有停止捉弄霍金。后来，霍金因为严重肺炎，而接受了穿气管手术，他连说话的能力也失去了。试想一下，一个人全身瘫痪，全身上下只有眼睛和三个手指头能够活动，这是多么残酷的打击啊！但是霍金没有因此而放弃自己，更没有被厄运打倒。他始终在全力以赴进行科学家研究，在被医生宣判只能活两年的情况下，他一直勇敢无畏地与病魔对抗，为科学事业贡献了自己的力量。

不得不说，霍金是一位胸怀大志，有远大梦想和理想的人。正因为如此，他才能够拥有大格局，没有因为厄运突如其来就对人生失去希望。我们之中的大多数人都比霍金更幸运，至少我们的肢体是健康的。既然如此，我们一定要树立理想、拥有志向，这样才能在人生道路上勇往直前、无所畏惧，始终坚持不懈、努力奋进。

第3章

做人要大气，心量小的人格局大不了

做人一定要大气，若心眼比针尖还小，也常常因为各种不值一提的事情就懊恼、抱怨，归根结底是成不了大事的。有人说，比大海辽阔的是天空，比天空辽阔的是人的心胸。那么，作为一个想要成功的人，就一定要有更加广阔的心胸和气度，才能在做人做事的过程中有大气魄，也更加理性和从容地面对自己与他人。

有格局的人更大气

气度不仅是一种气魄，还是一种能力。有气度的人可以宽容地对待和接纳整个世界，对于身边的人和事情也总是怀着友善和气的态度。常言道，宽容他人，就是宽宥自己。实际上，当一个人有开阔的心胸，把心放大，那么原本困扰他的很多事情也就会变得不值一提。就像把一粒芝麻放在一个盘子里，马上就能看到芝麻的存在。而如果把一粒芝麻放在一个大的箩筐里，那么根本看不到芝麻到底在哪里。所以人们说，心大了事情就小了。

大气的人不会因为生活中各种无聊的、无关紧要的小事情而生气，反而会在遇到很多为难的事情时努力劝说自己一定要非常积极面对，这样一来，他们才能始终都拥有良好的心态，也才能在成长的过程中不忘初心，砥砺前行。相反，小气的人对于每一件事情都耿耿于怀，他们既不愿意原谅他人，也不愿意原谅自己。虽然不如意是人生的常态，他们却总是抱怨身边的人，也常常对身边的人愤愤不平、喋喋不休。曾经有心理学家经过研究发现，大多数人在出生的时候天赋并没有太大的区别，那么为何每个人的人生会截然不同呢？就是因为每个人面对失败的态度不同。成功者面对失败总是怀着积极的态度，能够踩着失败的阶梯不断地努力前行。而失败者面对失败，常常会陷入困境之中，也因此对自己失去信心，不知道如何有效地激励自己。在这种情况下，成功者与失败者高下立见。

三国时期，大臣杨仪原本是诸葛亮跟前的红人，也是诸葛亮的左膀右臂。为此，大家理所当然地认为杨仪会在诸葛亮去世之后接替诸葛亮的丞相职位。然而，诸葛亮深知杨仪气量狭窄，为此在生命垂危之前就已经安排好蒋琬接替丞相职位。不得不说，杨仪输就输在他虽然有才华却气量狭窄上。正因为如此，他的才华被限制，他的人生也截然不同。

现实生活中，气量狭窄的人为数不少，他们总是因为小事情而愤愤不平、斤斤计较，最终影响了自己的平静心绪，也导致人生的发展不如意。实际上，在现代社会，一个人只有学历是不够的，还要有能力，而只有能力也是不够的，还要有格局、有气度。气度大的人懂得宽容忍让，也始终能够与好运结缘。有气度的人也能够很好地控制自身的情绪，从而成为自己的主宰。即使在遭遇命运坎坷的时候，他们也能够全力以赴做好该做的事情，从而让人生顺利渡过难关。

从某种意义上来说，气度与一个人的经历也有密不可分的关系。当然，气度不是与生俱来的，一个年轻人不可能拥有百岁老人那样看淡一切的气度。既然气度是后天形成的，生活的过程中，我们就要更加注意提升自己，也努力说服自己不要斤斤计较，这样才能渐渐地看开、看淡，也才能在人生成长的道路上有更好的发展。当然，所谓大气也不是对于人生的成败得失丝毫不放在心上，任何时候，梦想和理想还是要有的，上进心也是越强大越好。作为年轻人，既要有气度，又要求上进，这样才能面面俱到地发展，也才能活出独属于自己的精彩人生。

能承受委屈，胸怀才会更大

如果你从未受到过委屈，谈何胸怀呢？所谓胸怀并非与生俱来的，而是一个人在受到委屈的时候，能够劝说自己不要总是对他人斤斤计较，也劝说自己放开心胸面对一切，这样才能使胸怀越来越大。常言道，人生不如意十之八九，这就告诉我们大多数人生都不可能是顺遂如意的，面对那些突如其来的不如意、不幸福和忧愁焦虑，我们一定要摆正心态坦然接受，也要从容面对，理性应付，这样才能让自己的心胸越来越开阔，也让自己的人生之路越走越远。

传说中有一种神鸟，这种鸟儿和龙相提并论，它就是凤凰。凤凰要想涅槃重生，就要在烈火中焚烧自己。做人也是如此，也必须不断地提升和修炼自己，让自己变得学识渊博，更加聪明睿智，也更加豁达乐观，这样才能理智从容地面对人生。当然，要想做到这一点，必须有大格局。如果一个人格局很小，受到小小的委屈就不能承受，而总是怨声载道，那么日久天长，他们就会陷入人生中的被动局面，也会因此而变得非常焦虑不安。实际上，当咬紧牙关把艰难的时刻挺过去，把所有的委屈都吞咽到肚子里，把头昂起来让眼泪流到肚子里，你会发现一切并没有想象的那么可怕，甚至会在有朝一日为你的成长加分，成为你人生中值得炫耀的资本。

当遭遇委屈的时候，作为普通人的你会怎么做？是当机立断想要报复对方，还是冷静下来用心地思考，准备在与对方的博弈中更胜一筹。在三国时期，周瑜被诸葛亮活活气死，实际上这一则是诸葛亮的本事大，二则也是因为周瑜的确心胸狭隘。甚至可以说，周瑜气量小，不能承受委屈，是他被气死的更重要原因。

对于胸怀，很多名人都给予了至高评价。马云曾经说过，一个人只有眼光是远远不够的，还应该有胸怀，才能做成大事。很多人都喜欢一句话——宠辱不惊，闲看庭前花开花落；去留无意，漫随天外云卷云舒。人人都喜欢这句话里的淡然，但是要想真正做到却很困难。在人生之中，当你遇到小小的委屈就会爆发出来负面情绪，只能说明你的内心还是非常幼稚的。只有当有朝一日你可以吞咽下委屈、承担起责任，在人生道路上砥砺前行，才意味着你在不断成长，走向成熟。

不管是男人还是女人，都是需要胸怀的。如果我们对成功有着更加强烈的渴望，也希望自己可以出人头地、出类拔萃，就更应该有宽广的胸怀。心思狭隘的人总是处处树敌，而胸怀开阔的人则能够把敌人变成朋友，也可以心甘情愿地以德报怨。这样一来，才是真正的成长，也是真正的强大。

美国前总统林肯就是一个胸怀宽广的人。众所周知，在政坛上，几乎每个人都在试图消灭竞争对手，但是林肯却反其道而行，总是尝试着与政治上的敌人交朋友。对于林肯的做法，身边的人感到困惑，也不能理解，林肯却说："把对手变成朋友，我就少了一个对手，这岂不是最好的办法吗？"最终，林肯正是凭着这样的方法，成为政坛上的强者和巨人，也赢得了很多对手的尊重和爱戴。

一个胸怀宽广的人是富有魅力的，他们哪怕遇到暂时的困难，也绝不轻易气馁，而是非常积极地想办法去解决问题。实际上，他们未必能把所有问题都圆满解决，但是他们宽广的胸怀却容纳了这些困难，也消化了这些困难。在这个征服困难的过程中，他们表现出独特的魅力，也因此获得了更好的人生。一个人只有拥有大格局，才能拥有宽广的胸怀，也只有拥有宽广的胸怀，才能每时每刻都保持着清醒的头脑，从而赢得他人的信任和托付。只有拥有这样的格局与气度，我们才能在人生的道路上砥砺前行，绝不畏缩。

不较真，退一步海阔天空

现实生活中，总有些朋友非常较真，他们哪怕明知道某件事情不值一提，也会对于这件事情始终耿耿于怀，不愿意真正放下。殊不知，放不下，不是在给别人添堵，实际上是在与自己过不去。在人生之中，要想获得更好的人生体验与感触，就要有的放矢地放宽心胸，做到不斤斤计较，也没有执念，从而顺势而为，才能获得内心的平静。

实际上，人生之中除了生死之外，并没有什么过不去的事情。喜欢凡事都较真的人，总是有着执念，对于想要知道的事情必须想方设法打探清楚。遗憾的是，有的时候事实真相总是残酷的，会伤害一个人，也会让一个人陷入困境之中。如果把心变大，让心胸开阔，那么就可以拥有大格局，就不会总盯着很多小事情不放。在这个世界上，凡事就怕认真，这是因为认真的人会把很多事情做好。与此同时，也最怕较真。不较真的人生，退一步海阔天空；较真的人生，进一步万丈深渊。

现实生活中，较真的人很难获得幸福，是因为他们对于身边的人，对于自己，都有着太高的要求和奢望。尤其是在琐碎的家庭生活中，如果总是较真，那么就会失去幸福感，始终为了一些鸡毛蒜皮的小事情与家人不停地争斗。任何时候，都不要总是对于人生有过高的期望，我们固然要怀着追求完美的态度面对人生，却也要怀着释然的态度面对人生的不如意。记住，不要让人生下不来台，我们要给自己台阶下，也要给他人台阶下，才能与人为善、与己为善。

战国时期，楚王宴请大臣们欢聚一堂，大家推杯换盏，非常开心。有些大臣不知不觉间就喝醉了。正当这时，一阵风吹过来，灯被吹灭了。有个将军趁机撩起妃子的衣服，轻薄妃子，妃子情急之下折断了将军的帽缨，并且把此事告诉了楚王，让楚王看到谁的帽子上没有帽缨，就将其处死。这个时候，灯还没有点燃，楚王命令大臣们："我们来做个游戏，大家都把帽缨扯下来吧！"楚王一声令下，有谁敢不服从呢！等到点燃所有的灯之后，每个大臣都没有帽缨，楚王继续与大家一起喝酒。只有那个被折断帽缨的人心知肚明是怎么回事，也因此对楚王非常感恩。后来，在战场上，当楚王有危险的时候，这个将军誓死保卫楚王。楚王不解，将军告诉楚王："大王，您对我有不杀之恩，帽缨之恩。"

楚王无疑是很聪明的，如果他把这个将军杀死，那么就会在齐聚一堂的时刻搞得人心惶惶，大家都会惊慌失措，整个宴会也就失去了意义。而楚王选择让每个将军都在黑暗中折断帽缨，正是为了保护这个轻薄爱妃的将军，也彰显出楚王的胸怀和气度。

生命是短暂的，如何在短暂的生命中实现人生的价值和意义，这是值得每一个人用心思考和衡量的问题。任何时候，都不要让自己陷入苦恼的深渊，也不要被琐碎的小事缠身，导致人生失去上进的动力。古往今来，大凡能够成就伟大事业的人，都具有大格局，也都能够在人生之中有所作为。

作为普通人，我们也许没有宏伟的志向，但是依然要有大格局，这样才能避免较真。有的时候，面对很多矛盾，我们如果能够避开锋芒，避重就轻，也许能够解决矛盾，让事情有更好的转机。但是如果总是紧盯着事情的小细节，不愿意推动事情向前发展，就会导致事情陷入被动的局面。总而言之，很多事情都取决于人的心态，任何时候，只有心豁然开朗，人生才能豁然开朗。要想成为一个快乐幸福的人，我们就要打开心结，更加全力以赴奔向人生美好的未来。

海之所以成海，是因为在低处

林则徐说，海纳百川，有容乃大。这句话告诉我们，大海之所以如此辽阔，有着广阔的胸襟和气度，就是因为大海在低洼的地方，所以所有的河流都会汇聚起来，流入大海之中。一个人，如果想要拥有和大海一样的博大胸怀，也要放低身段，这样才能最大限度地容纳一切，也真正地成就自己。

在人性诸多优秀的品质之中，宽容是最美好的品质。《金刚经》里也写道，“一切法得成于忍”。实际上，在民间也有类似的说法，如吃亏是福。一个人不能总是对于个人得失斤斤计较，而是要真心诚意地付出，这样才能在成长的道路上不断地前行，也收获更加美好的未来。

当然，人并非生而宽容，很多时候，人们会在交往过程中陷入各种被动和困窘之中，就是因为他们常常会被委屈和误解，也总是会遭遇各种磨难与挫折。但不管怎样懊恼，我们都要学会宽容，才能有的放矢地接纳命运赐予的一切，从而才能怀着从容的心态去面对，绝不焦躁，绝不纵容自己。

常言道，金无足赤，人无完人，在这个世界上，并没有绝对完美的人存在，也没有绝对完美的事情。每一个人在生存的过程中，都要学会接纳他人，也要学会包容他人。当然，对于命运的很多不如意，也要坚定不移地去接受。记住，抱怨对于解决问题非但没有任何好处，反而会导致事情变得越来越糟糕。因此，我们就要更加理解和体谅他人，也要真正地宽容自己。

在中国历史上，将相和无疑是一段流传千古的佳话。在这个历史故事中，蔺相如的官位比廉颇更高，听说对廉颇扬言要让自己难堪，蔺相如或者称病不去上朝，或者在即将遇到廉颇的时候绕道而行，最终就连蔺相如的门客都看不过去，纷纷要求离开蔺相如。这个时候，蔺相如才说了自己谦让廉颇的原因："秦王之所以不敢攻打赵国，就是因为我和廉颇将军在。如果知道我和廉颇将军不和，秦王一定会趁机攻打赵国，那么就会让赵国陷入危亡之中。"对于蔺相如的苦心，门客们无不感动。后来，廉颇得知蔺相如一味谦让的原因，也深受感动，为自己的冲动和狭隘懊悔不已。后来，廉颇光着上身，背着荆条，去向蔺相如请罪。蔺相如丝毫没有责怪廉颇，而是从此之后与廉颇成为好朋友，他们一文一武保护着赵国的安危。

在《威尼斯商人》中，莎士比亚曾经说过，宽容就像是细雨滋润着干涸的土地一样，滋润着每个人的心田。实际上，宽容正是如此，它不但是美妙的品质，而且反映了一种非常平静的心态，还是至高无上的人生境界。一个人只有拥有博大的心胸和宽容的情怀，才能够真正做到宽容他人，也才能够真正做到以德报怨，圆满自己的人生。

记住，在漫长的人生道路上，没有人可以始终顺遂如意，也不可能与身边的每个人都相处融洽。不管是对人还是对事，我们都要怀着平常心，这样才能让自己心怀博大，也才能把自己的人生之路越走越宽。记住，宽容是生存的智慧，也是待人处世的经验和艺术。所谓人情练达皆文章，宽容的人会写好人生的篇章，也会在与人相处的过程中更好地面对和成就自己。

学会以幽默化解尴尬

现实生活中，每个人都是独立的生命个体，都难免要与形形色色的人打交道。为此，如何与人相处，实际上是一门学问，也是一门艺术，更是生存的智慧体现。尤其是在现代社会，人际关系被提升到前所未有的高度，每个人不但要有学历，要有能力，还要有人际相处的能力，这样才能有更好的成长和发展。当然，人际交往的基础是沟通，如果没有顺畅良好的沟通，我们就无法与他人之间建立关系，维持友谊。为此，一定要学会沟通，提升人际交往的技能，才能让沟通更加顺畅。

在西方国家，人们对于幽默是非常重视的，甚至有一些年轻人在寻找人生伴侣的时候，也把幽默作为对方必须具备的品质或者能力。当一个人把幽默运用得炉火纯青，就可以把人际关系搞好，也可以取得意想不到的人际沟通效果。幽默还可以化解尴尬，能够在人多冷场的情况下调节气氛。总而言之，幽默是人际相处的润滑剂，也是消除尴尬的灵丹妙药。

曾经有一位探险家特别喜欢四处旅游和探险。有的时候，他一个人独行，又遭遇困境，真是非常难熬。但是他没有放弃，而是依然非常努力地向前。在经历很多生存的困境之后，他说：“在寂寞乏味的探险途中，能够幽上一默至关重要，堪比绝地求生。”要知道，这位探险家可是经常遭遇生存绝境的人，能够在看惯生死的情况下把幽默摆在如此重要的位置，可想而知他是真的在生死面前意识到了幽默的重要性。

有一天，萧伯纳的一个剧作在剧院上演，广受观众的好评。在首次演出之后，主办方邀请萧伯纳上台与观众见面，这个时候，突然有人冲上舞台，冲着萧伯纳喊道：“你的剧本糟糕透顶，根本不配在这里公开演出！”要知道，当时可是在众目睽睽之下，换作他人一定会非常尴尬，但是萧伯纳气定神闲，笑着对着这位观众鞠躬，且不卑不亢地说：“这位先生，我完全认可你的说法，也很愿意把我的剧本收回来。不过，这里有这么多热情的观众，如果你能说服他们，我是毫无意见的，因为我自知凭着一己之力无法拒绝这些观众，更当不了他们的家，做不了他们的主。”萧伯纳话音刚落，现场观众就爆发出笑声，还有的观众主动自发地给了萧伯纳热情的掌声。

幽默就是这么有魅力，需要注意的是，不要把幽默和低俗的玩笑弄混。低俗的玩笑偶尔会建立在别人的痛苦之上，偶尔也会给他人带来难堪和尴尬，但是幽默却不会。幽默是最高级别的智慧，也会给人带来愉悦的感受。任何时候，只要我们有的放矢、恰到好处地运用幽默，在与人相处的过程中展示自身的魅力，就能收获更好的人缘和更快的成长。有的时候，如果在人际相处中遇到别人的不怀好意，我们还可以利用幽默的方式巧妙反击。这样一来，既可以让对方哑口无言，也可以让对方感受到我们的力量，不但解决了问题，还维持了面子上的和平，也让对方在我们面前有所收敛，不敢肆无忌惮。

学会遗忘，忘性大的人更幸福

人们常说化干戈为玉帛，也有人说吃亏是福，不要用别人的错误惩罚自己。实际上，诸如此类的劝谏都是在告诉我们，一定要学会遗忘，才能忘记生命中不该牢记的，才能给自己的心灵减负，轻轻松松前行。否则，人生就会装满各种沉甸甸的东西，根本无法有效地遗忘，也根本不可能获得真正的幸福。

鲁迅笔下的祥林嫂，人生的确是很不幸的，她也因此在最初向人们讲述自己的遭遇的时候，博得了人们的同情和理解。然而，祥林嫂始终活在过去的悲痛之中，人们开始躲避着她，不愿意再继续听她诉苦。归根结底，是因为祥林嫂始终活在阴影中，一直都没有摆脱和超越不幸。不得不说，人生的确会遭遇突如其来的打击，让人猝不及防，然而，就算遭遇再大的不幸，生活的脚步总是要继续向前，而不能停留在远处。否则，当时光匆匆而过，我们就会被时光抛下，也会在人生漫无目的的旅程中迷失自我。

当你感到痛苦迷惘的时候，是否会第一时间就想要向他人求助？无疑，人都有趋利避害的本能，人人都想获得内心的安宁与平和，而不愿意在人生苦短的情况下迷失自我，浪费宝贵的生命时光。为此，当昨日做得不够好，总有人感到失望和懊丧，又因为不知道如何去弥补和改变，而让自己陷入负面情绪之中无法自拔。实际上，人生只有三天，那就是昨天、今天和明天。每一个昨天都是由于今天逝去才得到的，每一个明天在到来之后也就变成了今天。由此可见，在三天之中，今天才是至关重要的。因而每个人要想拥有充实的人生，就一定要把握当下，活好每一个今天。否则，时光不会倒流，生命不可重来，很多时候，人生的境遇会把我们打垮，也会让我们在成长道路上陷入各种被动和困窘之中。

很多人都羡慕他人的快乐和无忧无虑，却不知道他人之所以始终快乐，就是因为他们能够打开心扉接纳一切，也可以怀着宽容的态度面对一切。任何时候，都不要总是斤斤计较，一个人也许拥有的少，却并不妨碍他快乐，只要计较的也少，他就能够从容地面对人生，获得成长，内心也会充实而又安然。

有大格局的人总是心胸开阔，他们不会成为“说者无心，听者有意”中的听众，而是会怀着一颗淡然的心，面对人生中的得失。美国前总统罗斯福家里遭遇窃贼光临，失去了很多珍贵的东西。朋友得到这个不好的消息后，当即打电话安慰罗斯福，罗斯福却回信给朋友：“感谢你第一时间就来安慰我，我很好，请不要挂念。首先，窃贼偷走了我的东西，但是我本人安全无虞，生命才是最重要的，不是吗？其次，窃贼偷走了很多昂贵却不实用的东西，留下的粗笨之物还够我使用，能够维持我的正常生活。最后一点，也是最重要的一点，我只是被偷窃的人，而没有沦落到当窃贼，这是人生的大幸。”

看到罗斯福给朋友的回信，你是否会会心地笑起来？有大格局的人面对人生的不幸，不会一味地怨声载道，也不会总是抱怨命运不公。相反，他们坦然接受命运一切的赐予，也安然守护着自己的内心。正因为如此，他们才能胸怀博大，对于得失都看得非常透彻。

人生一世，草木一秋，人生看似漫长，其实是非常短暂的。与其让自己长久地活在痛苦之中，不如有的放矢地扩大自己的格局，提升自己的精神，这样才能处理好每一件事情，也让人生变得更加圆满。如果你还不会遗忘，总是把生活中很多不值一提的小事情都牢牢地记在心里，那么你的人生必然是沉重的，也会因为不堪重负而变得非常辛苦。你要尽快学会遗忘，这样才能清空人生的行李箱，让自己的旅程变得更加轻松自在，也收获更多的幸福与快乐！

吃亏是福，善于吃亏才能赢得大利

说起吃亏是福，人人都知道这个道理，也常常会把这四个字挂在嘴边，但是真正能够做到的人却少之又少，大多数人一旦吃亏就会火冒三丈，也根本不知道要如何面对自己。实际上，善于吃亏，是人生的一种技巧，心甘情愿地吃亏，则是人生中至高无上的境界。任何时候，我们都应该坚持做人的底线和原则，这样才能避免在成长的道路上因为一些蝇头小利，就迷失了本心。

每个人都有欲望，为了满足欲望，人们往往会拼搏和努力，也坚持进取。但是，欲望却是无底的深渊，能够控制住欲望的人，可以成为驾驭欲望的主人，而不能够控制欲望的人，则会在欲望中迷失自我。现代社会，有些人之所以腐败，就是因为欲望在作祟。面对着飞速发展的时代，面对着越来越膨胀的物质欲望，他们虽然知道自己的本分和职责所在，却渐渐地迷失了自我，也失去了职业的道德与素养。不得不说，是欲望使人堕落。

然而，适度的欲望也会激励人不断地努力进取，从而帮助人们改变命运，把控人生。为此，在做出很多选择的时候，人们情不自禁地就会权衡利弊，从而确定自己应该舍弃什么，坚持什么。记住，一个人要想有所作为，就必须控制欲望，这样才能从容不迫地成长，也才能全力以赴地做好自己。

在柳宗元笔下，有一种昆虫叫蝜蝂。蝜蝂长得非常弱小，生活在食物链的最底层。如果蝜蝂能知足常乐，量力而行，它也能生存下去。然而，蝜蝂非常贪心，对于自己的欲望毫无节制。在四处爬行的过程中，蝜蝂只要看到想要的东西，就会将其据为己有，然后驮着越来越沉重的东西继续前行。最终，蝜蝂驮着的东西已经远远超出了它的承受能力，它被活活累死，一命呜呼。其实，那些被欲望的无底深渊网络住，而且不知道如何节制欲望的人，又何尝不是蝜蝂呢？

细心的朋友会发现，一个人即使有再多的金钱和财富，也只需要很少的东西就能满足他们的生活。例如，大富豪就算住着别墅，睡觉也只需要半张床，吃饭也只是一日三餐。那么，为何还需要那么多金钱呢？很多大富豪也是慈善家，如巴菲特、比尔·盖茨，他们把自己挣来的钱用于帮助那些需要帮助的人，在得失之间做出了很好的取舍，可以说他们领悟到了金钱对于生命的意义。

在靠着大海维持生计的渔民中，很多人对于大海都怀着敬畏之心。在捕捞的季节里，他们在打鱼之后，会把那些还不符合捕捞标准的鱼放生回到海里。在丹麦，每一个喜欢钓鱼的人也会随身带着一把尺子，并且认真测量钓到的鱼，然后把符合标准的鱼拿回家吃掉，把不符合捕捞标准的鱼再放回海里。不熟悉捕鱼生活的人看到这样的情况会觉得很纳闷：为何要把辛辛苦苦捕捞到的鱼放走呢？原来这是为了维持大海资源的可持续发展，是为了寻求更长远的利益。如果不懂得珍惜和爱护大海，把大海里的东西都捕捞干净，那么最终大海里就会没有资源，渔民也就不可能继续靠海吃海了。

小时候，我们都读过小猴子摘玉米的故事，知道猴子捡了芝麻丢掉西瓜，是不懂得权衡利弊的。实际上，人生每时每刻都处于选择之中，一个人只有深思熟虑，也只有拥有大格局，才能最大限度打开人生的局面，也才能成功地拥有人生的崭新天地。

第4章

决定你发展上限的不是能力，而是格局

曾经，人们以为智商是最重要的，甚至误以为智商决定了一个人的成就。在近些年，专家又提出了情商的概念，认为情商对于人生的发展有至关重要的影响。毋庸置疑，每个人都想拥有成功的人生，却常常在奋斗的过程中受到局限，这是为什么呢？不是因为智商、情商导致的，而是因为格局不够大。人生，只有拥有大格局，才能发展无上限。

有大格局，人生没有上限

决定一棵树能否成为栋梁之材的，是树的枝叶，还是树的根呢？当然是树根。常言道，十年树木，百年树人。那么对于一个人而言，要想成长，也要以优秀的品质夯实人生的基础，这样才能在成长的道路上不断进取、努力奋斗，最终收获更加充实精彩的人生。如果从根本上就是歪斜的，那么做人总是不能被他人认可，做事情也总是会被局限。

现代社会熙熙攘攘，很多人都会陷入欲望的深渊之中无法自拔，也根本不知道人生应该何去何从。实际上，不管外界再怎么改变，只要我们始终怀着一颗笃定的心，只要我们总是能够坚持做人的原则和底线，那么就可以保持自己处于正确的人生轨迹上，而不会人云亦云，失去自我。

作为一家公司的部门经理，刘强最近突然辞职了，就在拿到年终奖的大红包之后。刘强的表现让老板李振非常被动，因为李振的公司是新公司，目前正在推进一个大项目，已到关键时刻，所以作为部门经理的刘强突然辞职，让李振措手不及。为了收拾刘强留下来的烂摊子，李振不得不和其他老员工一起日夜奋战，而刘强还给李振发了条短信："对不起，李总，没有提前通知您我要辞职的事情，是怕您克扣我的年终奖。”看到这个短信，李振忍不住嗤笑起来。忙了一个月，李振才把刘强留下的烂摊子收拾好。

很多朋友听说李振的遭遇，都自告奋勇要帮忙找到刘强，给他个教训，甚至有朋友出损招，说要去找刘强的新老板谈一谈。对于这些，李振都拒绝了，说：“没必要，这个人能力是有的，但格局太小，未来顶多也就是中层管理者，不会有大的发展。”于是，大家都冷眼旁观刘强未来的发展。果然，几年过去，刘强居然去了李振一个朋友的公司面试，而且职务还是部门经理。朋友当然不会聘用刘强，而且还第一时间把刘强的现状告诉了李振。

一个人的格局有多大，他的人生就会有怎样的发展。对于格局小的人来说，哪怕有能力，能力的发挥也会被格局限制住，根本不可能突破。其实，做人不管什么时候都应该拥有诚信的心，如果总是因为各种原因而失去做人的原则和底线，只会导致人生的道路越走越窄。任何时候，都不要小看格局对于人生的影响力，一定要努力提升格局意识，扩大格局，才能让人生豁然开朗。记住，决定人生结局的就是格局。

受累可以，受辱不行

前文说了很多关于格局的话，似乎是在告诉大家一定要有大格局，不要斤斤计较，人生才有出路。而且还要把目光看得长远，不要总是盯着眼前的蝇头小利，而是要看到长久的发展。不得不说，这些都是真理，经得起时间的推敲和检验。然而，所谓的大格局，并非是让我们失去做人的原则和底线，一味地忍辱负重，艰难前行。尤其是在如今的职场上，很多用人单位对于新人都缺乏尊重和理解，给着新人很低的工资，却毫不吝惜地往死里使唤新人，如果新人不小心犯了错误，他们还会指着新人的鼻子骂。

也因为工作难找，很多人在职场上总是对上司唯唯诺诺，哪怕是被上司欺负，也绝不敢随随便便就与上司顶撞，毕竟找工作的滋味是很难受的。然而，这样的忍让是有限度的，人在职场，受累可以，却不能受辱。谁说职场新人就没有尊严呢？越是新人，越是应该有尊严地行走职场，这样才能在工作上摆正态度，既做到低调地学习，也做到从容地应对。否则，一旦养成了职场上低眉顺眼的坏习惯，可不是谦虚低调、主动学习那么简单。

除了那些眼高手低、对工作挑三拣四的人之外，大多数人对待工作都战战兢兢，如履薄冰。然而，努力把工作做好是对的，偶尔受到委屈也不稀奇，但是一定不要无原则和底线。人在职场，固然要追求长远发展，可以拿着很低的薪水，带着学习的心态做很多辛苦的工作，但是不能接受轻视和侮辱。

现代社会发展的速度很快，各行各业如同百花齐放、百家争鸣，因而也给了年轻人更多的机会去选择、去拼搏。不得不说，作为初入职场的年轻人，一定不要忍受上司的暴戾之气，所谓暴戾之气，就是上司无法控制自己的怒气，也有可能是上司故意居高临下地面对年轻人，颐指气使地指挥年轻人。人在职场，不管是新入职的人，还是经验丰富的老员工，实际上地位都是平等的。为此，作为老员工可以从分工的角度给年轻人安排工作，却不要对新人喝令或者命令。人与人之间，尊重总是相互的，一个人要想得到他人的尊重就要首先尊重他人，这是铁的定律，也是人际相处的准则。

不得不说，对于年轻人而言，在工作中遇到怎样的管理者也是至关重要的。好的管理者会给年轻人有效的引导，而不好的管理者则会采取错误的方式对待年轻人。

初入职场的时候，小雅非常勤奋，总是主动向老同事请教，也常常会把自己对于工作的各种想法告诉老同事，寻求指教。然而，小雅的上司是一个有点儿坏的男性。有的时候，小雅午休，到了上班的时候还没有及时醒过来，上司就会使劲地在小雅耳边猛喊一声，吓得小雅一哆嗦。还有一次，上司让大家都去做工间操，小雅因为大姨妈来了肚子疼，就坐在工位上没动。上司口无遮拦对着小雅说："怎么不能做操了？是怀孕了吗？"要知道，小雅才是一个刚刚毕业的女孩，对于上司这样在公开场合羞辱自己，小雅哭了。后来，小雅递交了辞职报告，她没有越级向上上级领导汇报这件事情，是因为她知道自己不会继续留下来。

一个好的管理者，不但会从众多的应聘者之中选择人才，也能够把那些自己不甚满意的普通员工努力带出来，使他们在短时间内得到成长，也始终能够有的放矢地面对人生。记住，人任何时候都要有尊严，才能让自己在人生的道路上不断地成长，持续地进步，也才能让自己以更加积极主动的态度面对人生，迎接未来的到来。

当你成为一个坚强且强大的自己，你就会具有生命本源的力量，也就会更加自如地应对人生，活出独属于自己的精彩！

学会认真倾听，是沟通的第一步

现代社会，有些人陷入浮躁状态，说起话来口无遮挡，做起事情来也总是火急火燎。其实，这些人之中不乏能力很强的人，但正是因为他们不善于沟通，更不懂得倾听是沟通的第一步，所以才会在与人相处的时候陷入被动的状态，根本不知道如何搭建心与心之间的桥梁。

如今，很多人都习惯于抢着说话。殊不知，上帝之所以给人两个耳朵、一个嘴巴，就是为了让人少说话、多倾听，这才是认真沟通的第一步。只有倾听，才能了解他人，表示对他人的尊重，也才能认真地听懂他人的意思，从而更加积极主动地投入沟通之中。遗憾的是，当一个人急于说话的时候，往往会忽略了他人的意思，只顾着表达自己的观点。不得不说，不能好好听人说话，是一个人格局小的表现，也是一个人缺乏人际交往素养的表现。

这次找工作，赵薇不知道自己哪里做错了，就与一份好好的工作失之交臂。原来，在面试的过程中，面试官才刚刚说：“听说你在国外留学过……”赵薇就急迫地打断面试官的话，说：“是的，我有国外求学的经历和背景，我想如果公司需要的话，我还可以去国外生活。很多人都不喜欢被外派，我则不同。我还没有男朋友，父母也都很年轻，可以自己照顾自己，所以我完全没有后顾之忧。”面试官无奈地笑起来，其实面试官的下半句想说“那你能不能用英语简单介绍自己”，但是却被赵薇自以为是地给出了回答。

面试官又问：“你之前也是在世界五百强工作……”赵薇急不可耐地说：“的确。我之前也是在五百强工作，不过那家公司的氛围我很不喜欢。主要是因为我很善于接受新生事物，也很愿意创新，但是那家公司却总是墨守成规，这是让我无法忍受的。我认为不管是对于个人还是对于企业而言，创新都是生存的根本。”面试官不易觉察地摇摇头，因为他的本意是问问赵薇此前是通过什么途径来开发客户的，没想到赵薇却对上一家公司展开了批判。思来想去，面试官虽然觉得赵薇的学识和能力都很不错，但是她还是决定弃用赵薇，因为赵薇口无遮拦，说起话来也总是不假思索，甚至还没有了解别人的意思就自顾自地去说。

原本可以得到很好的工作机会的赵薇，就这样被淘汰掉。也许她未来会找到一份不错的工作，但是如果不能调整格局，在与人沟通的时候总是自说自话，那么她的职业生涯发展就会很困难。

从人际交往的角度而言，人际沟通是交往的基础，而倾听则又是沟通的基础。要想很好地与他人沟通，最重要的是先了解他人，这样才能有的放矢地表达，也才能真正把自己的内心思想阐述清楚。此外，一个在沟通中不善于倾听的人，往往是格局很小，心中只有自己的人。任何时候，我们都要尊重他人，才能得到他人的尊重，这是毋庸置疑的。听别人把话说完，这是一种素养，也是一种社交能力，更是一种涵养与优秀的品质。

中年遭遇失业怎么办

现代社会，生存压力最大的是哪些人？也许有人说是年轻人，因为年轻人一穷二白，人生没有基础，工作没有经验，看起来似乎举步维艰。然而，年轻人也有独特的优势，那就是还没有成家，因而一人吃饱全家不饿，甚至在必要的时候还能得到父母的接济；因为经济能力不够，所以没有房贷、车贷等，也没有孩子，人生没有背负“三座大山”。实际上对于年轻人而言，最重要的是拼搏，是争取人生中无限的可能性。和年轻人相比，中年人可就活得没有这么轻松了。

提起中年人，人们马上就会想到“上有老、下有小”这个状态。的确如此，中年人就是处于这样一个幸福而又辛苦的状态。当人到中年，父母已经老迈，孩子还正需要抚养，为此未免感到肩膀上挑着沉甸甸的担子。尤其是很多在大城市生活的中年人，多年打拼终于买了房子，但又背负着沉重的房贷。为此，人都说中年人身上压着三座大山，那就是房、车与孩。在年轻人看来，这是生存的基础，是甜蜜的负担。只有真正身处其中的中年人才知道，每天一睁眼就欠着银行几百元的滋味有多么煎熬。

中年人与中年人沟通的时候，最常见的话题就是生活的压力。曾经在网络上一个在深圳打拼的中年人自曝被公司辞退，而他每个月需要还两万多元的月供，还需要赡养老人，抚育孩子。为此，突然失业的他感到内心焦虑，几乎一夜白头，只盼着马上找到工作。否则，哪里来的一天几百元去供着房子、养着孩子呢？不得不说，中年人是禁不起失业的，尤其是大城市里生活压力巨大、缺少积蓄的中年人。也许你会说，实在不堪重负，不如卖掉房子，还清贷款，这样还可以用剩下的几百万回到家乡过着惬意的生活。然而，在压力山大的情况下这样想一想还可以，却不要当真。因为已经习惯了在城市打拼和生活的中年人，根本不甘心回到家乡。

不可否认的一点是，人到中年，抵御风险的能力越来越差，而身上的责任和担子却越来越多。所以说，人到中年失业是很可怕的一件事情，甚至对于整个家庭的生活都会产生重大的影响。古人云，由俭入奢易，由奢入俭难。从心理学的角度来说，一个人从一无所有通过奋斗拥有的越来越多，与一个人已经拥有了很多却瞬间失去的感觉相比，是截然不同的。此外，很多的中年人在公司工作了很长时间，根本不能接受自己突然失去工作。他们已经熟悉和适应了公司的体系，一旦离开公司另找工作，他们必然要面临煎熬，也倍感艰难。尤其是当其他公司的薪资远远不如以前的时候，对于中年人而言更加难以接受。为此，很多中年人都感到内心惶恐，生怕自己不知道哪一天就会被别人取代，成为求职市场上的大叔。

实际上，中年人要想摆脱失业的困境，就要增强自己的核心竞争力。所谓核心竞争力，就是一个人区别于他人的、不可替代的独特技能和能力。有了核心竞争力的人，从事的工作不再具有随时可替代性，因而自然在公司里的地位更加稳固。退一步而言，就是真的惨遭事业的厄运，也能够很快找到其他的工作，无须为工作的事情而发愁。当然，凡事皆有例外，就算真的成了失业的中年人，我们也要摆正心态，要知道人生总是有各种不同的境遇，而每个人唯有拼尽全力去争取，并学会顺势而为去接受，才能真正地完善自己的内心，成就自己。这样的自我，是人人都应该坚持的。

作为中年人，我们一定要记住，在当今时代已经没有所谓的金饭碗、铁饭碗，也没有旱涝保收的工作。很多时候，主宰我们的不是命运，而是我们自己。只有不断地努力提升和完善自己，我们才能更加积极主动地面对未来，也才能从容不迫地活出自己的精彩。真正强大的人把该做的事情做好做精，从找工作变成被工作找，这样的职业生涯才会精彩无限。当然，大多数人注定平凡，那也依然可以把小事情做好，让自己成为一颗无可替代的螺丝钉，这样才能在人生的道路上不断地进取，持续地进步。

智商、情商与职商，缺一不可

曾经，人们以为智商是最重要的，会影响人们人生的高度。前些年，又有专家提出了情商，觉得真正决定人生的不是智商，而是情商。如今，还有人提出了职商，告诉我们必须提升自己的职业能力和职场上的智商与情商，才能游刃有余地在职场上发展，也才能成功地改变自己的命运和未来。不得不说，在职场上混，真的是智商、情商与职商缺一不可，任何时候，要想成为职场强人，要想在职业生涯发展中成就自我，我们就必须更加努力，拼尽全力。

很多人总是觉得自己不适合在职场上发展，并且把原因归咎于性格。实际上，在职场上发展与性格的关系并不是很大，最重要的是要有智商与情商结合职场实际情况形成的职商。当职商高了，职业生涯发展自然会非常顺利。由此可见，职商是关系到职业前途和命运最重要的因素。

最近，公司里招募了一批新人，总计有10个。眼看着试用期即将过去，10个新人中只能留下6个人，为此新人们都在努力搞好人际关系，希望老同事可以在他们的去留问题上给出积极的意见。在这些人中，有一个女孩总是一如既往地工作，和刚刚进入公司的时候一样，始终独来独往，吃饭的时候也是独坐一桌，似乎丝毫没有要与同事交好的打算。

后来，公司里针对这10个新人的去留问题展开投票，这个女孩的得票是最低的。领导很纠结，因为在所有新人之中，这个女孩的各方面条件是最优秀的，也是最出类拔萃的。为此，领导专门向女孩周围的几个同事展开调查，同事们都摇摇头："我们不想和这样的人做同事，清高孤傲，未来合作会很困难。"最终，领导无奈地放弃了这个女孩，而女孩呢，依然是一副高傲的样子，离开了公司。

常言道，恃才傲物。也许这个女孩自恃有能力、有才华，所以就不把其他人看在眼里。殊不知，这样的人才格局太小，他们的眼睛里只有自己，总在无形中完全漠视他人。人是群居动物，现代社会每个人都需要更加积极主动地面对自己和他人，也要怀着积极的态度融入他人之中，这样才能更好地与人合作，成为集体中的一员。如果总是清高孤傲，一副与世界无关的样子，如何能够获得良好的发展呢？

尤其是在现代职场上，人才济济，求职的大学生数不胜数。在很多条件相差无几、能力不分上下的求职者中，如何才能脱颖而出呢？一个明智的人不但会彰显自身的实力与能力，也会全力以赴与身边的人融洽相处，密切合作，这是至关重要的。记住，职场生活就像多米诺骨牌，各种事情之间是相互关联紧密的，不要把自己当作一颗独立的棋子，也不要把自己当作空气一样的存在。只有不断地努力进取，与人为善，也积极主动地投入合作之中，我们才能与这个世界有更加密切的联系。记住，人在职场，智商、情商与职商缺一不可，你做好准备去迎接即将到来的挑战了吗？

怎样对待月薪两千的工作

作为刚刚走出象牙塔的大学毕业生，如果你原本觉得自己才华横溢，一定会遇到慧眼识珠的贵人，却最终在接连找工作四处碰壁之后，不得不屈就于一份月薪两千的工作，你会怎么做呢？也许你会愤愤不平，觉得自己的才华天下第一，却只能从事待遇低、事情杂的工作，为此对待工作怀着不以为然的态度，也总是敷衍了事、蒙混过关地处理工作的一切事宜，那么最终你的职业发展会非常糟糕。你不但浪费了宝贵的时间，而且没有从工作上得到任何可贵的经验，不但没有获得成长，反而还不同程度地落后。就这样，你在工作的过程中变得懒散懈怠，毫无斗志。

一个真正乐观积极的人，即使找到了一份月薪两千的工作，也会认真对待。因为既然懈怠也是工作，认真也是工作，那么不如认真工作，这样至少可以积累经验，提升能力和水平。就像人们常说的，既然笑着也是一天，哭着也是一天，为何不笑着度过人生中的每一天呢？对待工作也是如此。既然蒙混也是一天，认真也是一天，为何不认真地对待工作，从而让自己在工作中有更好的成长和发展呢？

作为年轻人一定要弄明白两个问题：一个问题是每个人对于工作付出的最大成本是什么？最大的成本是时间。生命的时光是每个人都应该珍惜的，如果不懂得珍惜时间，就是在浪费生命。另一个问题是对于工作最大的收获是什么呢？也不会是金钱，而是经验。只有明确这两个问题，年轻人才能以正确的态度面对月薪两千的工作。而且，凡事都处于发展和变化之中，如果作为初入职场的新人不能把自己的本职工作做好，总是不停地抱怨，最终他们得到的结果就是没有发展的机会。其实，古今中外很多伟大的人之所以能够成就伟大的事业，都是因为他们在成功之前熬过了黯淡无奇的日子。记住，人生不会重来，失去的时间就像泼在地上的水一样收不回来。任何时候，我们都要珍惜时间、珍惜生命，唯一能做的就是全力以赴做好自己该做的事情。

固然，每个人都需要钱才能在这个现代且物质的社会上生存下去，因而人们说没有钱是万万不能的，却也要始终牢记钱不是万能的。所以作为年轻人，不要以薪水低为由就不愿意对工作付出，更不要随意地区分分内之事和分外之事。职场上，尽管不同的职位有工作内容的区分，但是年轻人想要成长和发展的心却是不应改变的。有人说，你把时间用在哪里，哪里就会开花结果。的确如此。任何时候，都不要再盲目地区分工作的分内分外，而是应该在花费同样时间的情况下，让自己获得更加快速的成长，拥有更多的收获。

现代的职场竞争非常激烈，每个人都需要全力以赴对待工作。那么，何为一份好工作呢？有人觉得干活少、薪资高、福利待遇好、从来不加班，这就是一份好工作。不得不说，这样的工作对于理应努力拼搏的年轻人而言，无异于混吃等死。任何时候，衡量一份工作好坏的唯一标准，就是这份工作能否促使人进步和成长。如果一份工作可以帮助人们积累经验，增长见识，那就是有利于人们成长的，对于这样的工作，不管薪水多么低，都要努力去做。而如果一份工作薪水很高，却让人混吃等死，那么这样的工作就该放弃。所以说工作是好是坏从本质上而言与薪水高低没有关系，只是因为人没有钱在这个社会上寸步难行，也为了维持生存，所以如今薪水在形式上成为衡量工作的重要标准之一。

有一个老生常谈的话题，就是把工作当成工作，还是把工作当成事业？要想获得成功，要想让自己的工作充实且有意义，我们就要把工作当成事业，这样才能全力以赴去做好工作，也才能真正理性地对待工作。记住，对待工作，要尽量付出最大的努力，这样才能拼尽全力做到最好，也才能不遗余力创造独属于自己的奇迹。面对月薪两千的工作，你怀有怎样的态度，未来就会得到工作怎样的回报。

第5章

格局决定眼光，有远见的人拥有未来

每个人的命运都把握在自己手中，所以说那么自称是被命运捉弄的人，实际上是胆小怯懦、不能主宰命运的人。当然，把握命运并不是简单容易的事情，尤其是当命运波澜壮阔，让人生也跟随着命运的波浪翻滚的时候，人必须有格局、有眼光，才能拥有值得期待的未来。

有眼光，人生才有出路

一个人如果没有眼光，不管多么努力，也无法找到人生的出路，因为眼光局限了他们的思维，也让他们的心变得盲目。这也就是同样是面对生活，有的人能够过得风生水起，而有的人却总是看不到出路，为此把人生的道路越走越窄的原因。

提起温州人，大家的印象就是非常精明，很懂得经商之道。在中国，除了晋商之外，温州人的生意经也是在全国甚至全世界都赫赫有名的。那么，温州人为何会做生意呢？是因为他们很懂得发掘赚钱的机会，有的时候，别人对于机会视若无睹，他们却能够把握住机会，从而占据商机和先机，获得很好的发展。

小张家里很穷，几乎可以用一贫如洗来形容。父母都是面朝黄土背朝天的农民，为此，小张作为家里的长子，不得不小小年纪就去打工挣钱，帮助父母养家糊口，也供养两个妹妹读书。来到大城市的小张两眼一抹黑，看着城里的人衣着光鲜靓丽，不但吃得好、穿得好、住得好，而且也很会享受，小张想起了远在家乡的父母和妹妹，心里觉得很酸涩，暗暗想道：怎样才能改变命运呢？

有一天，城里在欢天喜地地过圣诞节，透过玻璃橱窗看着蛋糕、糖果，小张一瞬间觉得自己就是那个卖火柴的小女孩。初来乍到的小张很快就找到了在家政公司当家政服务人员的工作，因为这个工作门槛最低，也最容易上手。第一次到雇主家里，小张甚至不敢迈步进去，因为城里人的地面比他们在家乡吃饭用的瓷碗还干净，简直能照出人影来。小张实在太紧张了，第一次打扫卫生不合格，因为他从未有把家打扫干净的经验。随着时间的流逝，他把家政业务做得越来越熟练，很多同事都已经离开了家政行业，另谋高就，但是小张却一直干着。因为他觉得家政行业很有前景，也想从这里发现挣钱的门道。每次拖地的时候，小张都觉得很痛苦，因为拖把是化纤的，不能吸收水，为此地面干了之后还会有水渍。为此，小张决定改良拖把。他从毛纺厂里找到很多废弃不用的棉布条做成棉质拖把，果然质量好了很多。每次去雇主家里打扫卫生的时候，小张就带着棉布拖把。很快就有雇主向小张购买这种拖把，而且一传十、十传百，他们的亲戚朋友也有很多人想买。小张索性与家政公司合作，申请了棉布拖把的专利，并且大批量生产棉布拖把。这个创新的拖把让小张赚到了人生中的第一桶金，后来，小张针对家政行业又开发了很多好用的工具，如适用于高楼擦玻璃的神器等，都得到了广大用户的好评。

一个人心中有什么，就会看到什么，而看到的这一切又激发了他们的思维不断向前发展，最终做出一番事业来。就像事例中的小张，为何那么多人都从事家政服务行业，唯独他不断地推陈出新，生产出好用的家庭日用品呢？是因为小张始终在琢磨从这个行业中发现成功的契机，为此他从未离开过家政服务行业，而是始终都在默默地等待和积极地寻找机会。

西方有句谚语，叫条条大路通罗马。因为古罗马很繁华，道路四通八达，不管走向哪里，也不管从哪个方向去走，都能走到罗马城。对于人生而言，当然也是有很多条道路可以走的，最重要的在于，我们要有坚定不移的心。做人，可以不那么聪明，也可以没有讨巧的能力，但一定要有眼光，这样才能站得高、看得远，也才能让人生有更多的可能性。

有远见，人生才有财富

什么是远见呢？顾名思义，远见就是站得高看得更远的眼光。一个人如果在谷底，那么只能欣赏到眼前的绿草茵茵、溪水淙淙，而根本不可能看到更远处的风景。一个人如果在山腰，那么就可以看到对面山上的情形，但是无法越过对面的山看到更远的地方。一个人只有站在山顶，才能站得高、看得远，才能眺望到遥远的地方，也因此而视野开阔。如果是从小生活在大山里的人，也因为看到了山外更辽阔的地带，会萌生出走出大山的想法，人生也会因此变得与众不同。由此可见，有远见，人生才有未来。

远见不但与未来密切相关，而且关系到人生拥有多少财富。

这是因为有远见的人，往往可以把事情看得更加长远，为此他们也可以看到先机，抓住先机。相反，有些人没有远见，对于那些能够致富的机会，他们总是因为无法发现而做事非常迟疑，直到别人抓住了机会获得成功，他们才恍然大悟：曾经，有一个机会摆在我的面前，而我没有抓住……不得不说，这样的懊悔根本于事无补，而且这样的机会一旦失去，也很难再次得到。真正远见卓识的人，他们会先于普通人看到千载难逢的好机会，也会更加积极主动地去抓住机会，果断地创造财富。

1973年，比尔·盖茨正式成为哈佛的学生，就读大学一年级。盖茨早在读初中的时候就表现出对于电脑的热情和痴迷，即使升入大学，他对于电脑的喜爱也依然有增无减。为此，他在学习课程之余经常会逗留在电脑教室里，或者自主地研究编程，或者会玩一些游戏。在当时，盖茨就已经认识了后来的事业合作伙伴保罗，因为他和保罗住在同一个楼层，而且保罗和盖茨一样痴迷于电脑。

1975年，盖茨和保罗一起承接了一家电脑公司的编程任务，几个月的时间里，他们废寝忘食，完成了该公司的程序语言，让公司领导非常满意，为此，公司给了他们一笔丰厚的报酬。这次小试牛刀让盖茨对于计算机的前景更加了解，对于自己的编程能力和水平也更有信心。他意识到计算机的发展之快让人无暇应对，而他也等不及大学毕业，就要去开创自己的事业。为此，他在19岁的时候辍学，和保罗一起成立了微软公司，进行个人计算机软件开发。一切正如盖茨所预料的那样，计算机产业发展迅速，简直是日新月异。微软也在盖茨的带领下一路高歌猛进，在计算机领域独占鳌头，建立了微软帝国。

如今，盖茨俨然已经成为世界首富。而这一切的成就，都得益于盖茨的眼光和坚定不移的信念。盖茨为何为了创办公司，而从哈佛大学退学呢？要知道，哈佛大学是世界高等学府，有多少莘莘学子那么努力和辛苦，就是为了能进入该学校学习。但是，盖茨的成功不是因为退学，而是因为有格局和远见。退学，只是他在心中有大格局的情况下做出的明智选择而已。其实，当年盖茨曾经邀请另一位同学一起辍学开办公司，但是那位同学坚持要完成学业再去开创事业。后来，这位同学又用了10年的时间完成学业，而盖茨已经成为软件王国里的绝对霸主。如今，这位同学是一位教授，不知道想起当年盖茨曾经邀请他一起创业的事情，他是否会有些许的遗憾呢？正是因为没有远见，他错过了一起和盖茨打造微软帝国的机会。

众所周知，没有人能一口吃成胖子，也没有人能够一蹴而就获得成功。任何时候，财富的积累都是一个漫长的过程，作为普通人，不要做着一夜成名的美梦，而是要脚踏实地做好自己该做的每一件事情，才能一步一步地进步。古人云，不积跬步，无以至千里；不积小流，无以成江海。我们也要说，唯有有远见、当机立断的人才能抓住千载难逢的好机会，也才能在人生的道路上勇往直前，绝不畏缩。

有见识，人生少走弯路

人生从来不是直行道，也不是百米冲刺，每个人在行走人生道路的过程中，都会感受到人生道路的蜿蜒曲折。为了少在人生中走弯路，有些人找到捷径，自以为可以一蹴而就获得成功，最终却发现反而耗费了更多的时间和精力，人生却没有显而易见的进步。古人云，欲速则不达，实际上有的时候慢就是快，快就是慢。当然，这也并不意味着人生绝没有加速的可能，如果采取适宜的方法减少人生的弯路，那么就可以提升成长的效率，在人生中获得更大程度的进步。

在如今的时代里，许多父母都陷入焦虑教育状态，他们总是迫不及待想把自己的人生经验传授给孩子，也总是想要让孩子在他们的安排下按部就班地生活。殊不知，这样的做法是错误的，而且稍微大一些的青春期孩子，很也可能会因此与父母之间爆发争吵，产生矛盾。实际上，当孩子的见识水平无法达到父母的高度时，孩子就无法理解父母的经验。作为父母，与其强求孩子接纳父母的意见和态度，还不如更好地引导孩子，让孩子亲自去感悟和体验人生。

在熙熙攘攘的世界上，每个人都是完全独立的生命个体，必须依靠自己去把握命运，操纵人生。而实际上，最终将会拥有怎样的人生，与每个人对于人生的理解和规划有着密不可分的关系。每个人都应该对于人生有规划，也给人生谋篇布局，这样的规划工作越是开始得早，越是能够取得更好的效果。所谓大格局，也是在我们不断地调整人生规划的过程中渐渐形成的。很多时候，眼光决定成败，格局决定胜负，所以我们一定要有远见卓识，从而让人生绕开弯路。当然，这是一个顺其自然的过程，而不是可以有意识改变的。所以我们要更加积极地面对人生，也不要因为小小的格局而限制住自己。

当年，刘邦入关之后，因为谋士张良等人的劝说，没有入住都城，而是还军灞上，等待以项羽为首的其余起义军到来。在灞上那段时间，刘邦采取了很多政治措施，为老百姓减轻税负，还与老百姓约法三章。不得不说，刘邦这样的举动是很有远见的，也深得老百姓的拥护和爱戴。为此，老百姓主动拿出酒水和美食来款待刘邦，刘邦不愿意接受，老百姓知道刘邦是清正廉洁的，反而担心刘邦不愿意当王。不得不说，刘邦日后能够顺利地登上王位，能够把一方百姓管理得秩序井然，都是因为他此时的举措奠定了良好的基础。

作为一个政治家和管理者，更应该有远见卓识，才能让人生少走弯路。一个人如果鼠目寸光，只能看到眼前的方寸之地，就会在人生之中变得非常仓促。而如果能够把眼光放得长远一些，拥有大格局，在事情没有发生之前就谋篇布阵，则一定能够下好一大盘棋，从而坦然走好人生的道路，也给予人生更好的发展和未来。

做人有远见，人生才有规划，也只有坚持谋篇布局，人生才会变得更加充实精彩。爱下象棋的人都会有这样的感触，即觉得人生就像是一盘棋，每走一步都要经过深思熟虑，进行长远打算，让人生的发展走一步看三步，才能够得到更加长足的发展。

有视野，人生不被局限

一个人的眼光如何，与他们在人生之中所处的位置有着很大的关系。人们常常说视野，实际上就取决于人所站的高度。当一个人站得高、看得远，他们就有良好的视野，当一个人站在低处，只能看到眼前的地方，那么他们就会鼠目寸光，只能看到眼前的方寸之地。很多有丰富开车经验的老司机知道，在视野不好的情况下，开车会很困难。为此，司机大多数喜欢在视野好的天气情况下开车。开惯了大车的司机也不愿意开小车，是因为小车比较低，视野不够开阔。对于人生，同样需要大视野，才能变得更加开阔。否则在成长的道路上总是被局限，人生也就会局促起来。

很久以前，村子里德高望重的智者非常老，希望找到衣钵传人。为此，他从全村的年轻人中精心挑选出三个年轻人，对他们说："你们现在就去爬上对面高耸入云的山，站在山巅看一看风景，然后回来告诉我你们看到了什么。但是，你们要非常快速，最先回来的人将会成为我的衣钵传人。"听到智者的话，三个年轻人马上出发，开始攀爬那座最高的山。才过去一个星期，第一个年轻人就回来了。智者问他看到了什么，他告诉智者："山顶的景色太美丽了，溪水淙淙，鸟语花香，简直让人流连忘返。"智者什么话都没有说，摆摆手让年轻人离开了。大概半个月之后，第二个年轻人也回来了。智者问年轻人看到了什么，他说："越往上爬越冷，不过树木还是很茂密。"看着年轻人疲惫的样子，智者依然摆摆手。

时间整整过去了一个月，第三个年轻人还是没有回来。所有的人都非常焦虑，只有智者气定神闲，耐心等待。大概一个半月之后，年轻人终于回来了。他的胡须长得很长，指甲里满是淤泥，身上的衣服也破破烂烂。他告诉智者："我不知道我是否到达了山顶。我看到过鸟语花香、溪水潺潺，也看到过茂密的参天古树。但是等我不断地往上爬，居然没有植物了，在山巅的背阴处，还有着终年的积雪。在那里，我什么都看不到，只看到云和蓝天。"智者激动地抓住年轻人的手，说："孩子，你受苦了。但是，你到达了更接近天堂的地方。你就是我的衣钵传人，从现在开始，我会把自己所知道的都传授给你。在未来的人生中，希望你也继续保持爬到山之巅的精神，遇到任何困难都绝不放弃，也要心胸开阔。"年轻人点点头，说："山顶风很大，看到的地方很远，但是我觉得我的心豁然开朗，似乎一切烦恼都不复存在了。"

真正到达过山巅欣赏过远处风景的人，根本不想在山脚流连忘返，也不想逗留在半山腰。他们只想爬到山顶，再次领略一览众山小的风景与豪情。真正的英雄，是能够超越自我，也心怀天下的。

人生之中，真正限定每个人成就的，不是外部的环境，而是每个人的自身。只要打破了心中的局限，只要真正突破和超越自我，人生的成长才能永无止境。常言道，登高才能远眺，自古以来，每到九九重阳节，民间就流传着登高远眺的风俗习惯。在人生之中，我们也许未必能够站在巨人的肩膀上，却也应该让自己站得更高、看得更远，这样才能全力以赴地奔向人生的目的地，才能看到更多的风景，领略更多的人生豪情。

有付出，人生才有收获

做人，是应该手心朝上，还是应该手背朝上呢？很多人都觉得做人必须手心朝上，才能索取到更多，也许有的时候不需要付出，就能得到收获。殊不知，这样的想法是错误的。西方国家有句谚语，叫作赠人玫瑰，手有余香，就是告诉我们做人要手背朝上，哪怕付出之后没有得到他人的回报，也可以享受到付出的快乐。

遗憾的是，现实生活中太多人的格局都很小，他们总是对于得到和付出斤斤计较，有一点儿付出就马上算计，最终因为觉得自己吃亏了，就不愿意继续付出。其实，付出和得到是可以相互转化的。有的时候，付出就是得到；有的时候，得到就是失去。因而我们要怀着平常心面对付出和收获，这样才能避免被得到和失去蒙蔽眼睛与心灵，在成长的过程中也变得很不快乐。

爱是一种能量，在人与人之间流转。曾经，有个孩子在乘坐公交车的时候没有座位，得到了别人让出来的座位。后来，当孩子大一点儿，妈妈在乘车的时候看到有更小的孩子还站着，就让孩子让座。孩子很不理解，妈妈劝说孩子："上次你也像小朋友这么小的时候，坐车没有座位，也有人给你让座了，对不对？"孩子说："但是，不是这个小朋友给我让座的。"妈妈反问："那么，你在接受别人的座位之前，给别人让过座位吗？"孩子想了想，摇摇头。妈妈说："我们要帮助他人，但是他人不一定帮助过我们。我们要把从他人那里得来的帮助和爱，再馈赠给其他的人，这样一来，其他人也会用爱去帮助更多的人，所有的人与人之间都充满了爱，岂不是很美好吗？"孩子似乎听懂了妈妈的解释，赶紧把座位让给小朋友。

的确，妈妈说得很对，爱就是一种能量，在人与人之间流淌，未必会完全回报给那个曾经付出爱的人。在帮助别人的同时，我们得到了助人的快乐，也看到被帮助的人因为我们而摆脱了困境，这就是最重要的。

很久以前，有个小男孩为了给自己筹集学费，顶着大雪天气四处叫卖生活用品，挨家挨户地推销。然而，天气太冷了，街道上根本没有人，而且每家每户的门都紧紧地关闭着取暖。男孩心灰意冷，肚子也咕噜咕噜叫起来。他一只手冻得红通通的，麻木地拎着装满日常用品的篮子，一只手则揣在口袋里取暖，捏着仅有的一角硬币。男孩暗暗想道：我为什么要读书呢？不如去打工，还能填饱肚子。

男孩又累又饿，好不容易才走到一户人家面前。他迟疑地敲门，过了很久，才有一个女孩打开门看着他。男孩胆怯地问："你好，可以给我一杯热水喝吗？"女孩赶紧点头答应，又走回房子里。男孩等着，过了挺长的一段时间，女孩才回来。然而，女孩端给男孩的不是一杯热水，而是一大杯热气蒸腾的牛奶。男孩心里忐忑：这么一大杯牛奶，我的一角钱根本不够付款。男孩把日常用品放在地上，用两只手紧紧地捧着这杯牛奶，小口小口地喝着。门开着，屋子里温暖的气息涌出来，也因为肚子得到了热牛奶的安慰，男孩觉得没有那么冷了。他喝完牛奶，问女孩："请问需要多少钱？我可以改天再付给你吗？"女孩笑着说："不要钱。奶奶说，赠人玫瑰，手有余香。"男孩再三对女孩表示感谢，拎起篮子，继续朝着前面走去。男孩的心中充满了温暖的力量，也再次看到了人生的希望。

若干年后，女孩身患怪病，在本地辗转求医都没有治疗好，只好去了省城里的大医院。因为女孩的病情很奇怪，所以主治医生邀请各个科室的医生进行会诊。一个叫爱德华的医生看到患者的家乡不由得怦然心动，他赶紧飞奔去病房查看情况。在病房门外，透过门上的玻璃窗，他果然看到患病的女孩虚弱地躺在床上。爱德华主动申请成为女孩的主治医生，在经过一场大手术之后，他成功地治愈了女孩。女孩就要出院了，护士给女孩拿来结算清单，女孩心中忐忑，不知道自己还有没有能力支付高昂的医药费。然而，等到她终于鼓起勇气看到结算栏的时候，却看到结算栏赫然写着：“一杯牛奶。爱德华医生。”女孩的眼泪簌簌而下。

在给小小年纪、走投无路的爱德华一杯热牛奶的时候，女孩一定不会想到这个冻得瑟瑟发抖、看起来饥寒交迫的男孩，有朝一日居然会救她的命。然而，命运就是这么神奇，让人们在特定的时刻相遇，也让人们在出乎意料的时刻重逢。任何时候，都不要抱怨命运不公，也不要抱怨自己的付出没有回报。只要你努力地付出，真诚友善地对待身边的人，总有一天时间会开花结果，给你的人生最丰硕的成果。

在如今的职场上，有很多人都非常吝啬花费自己的时间和精力，他们对待工作总是蒙混过关，当一天和尚撞一天钟，还把工作中分内之事与分外之事区分得特别清楚。不得不说，这样的做法对于职场是非常不利的，我们一定要怀有空杯心态，也要非常努力进取，才能不断地提升和完善自己，也才会有有心栽花花不成，无心插柳柳成荫的惊喜收获。

有视角，人生才能开阔

在中央十套《味道》的一期节目中，主持人想要驱赶驴子拉磨，但是驴子就是停在原地，不愿意动。这个时候，主人拿出一块黑布，把驴子的眼睛遮挡起来，结果驴子就开始走起来。主持人很奇怪，原来，主人是想通过把驴子眼睛蒙起来的方式，欺骗驴子不是在原地转圈。其实，驴子是很笨的，所以才会在蒙上眼睛的情况下朝前走，还误以为自己日行千里了，实际上却始终在围着石磨在打转。由此可见，视角是非常重要的。作为人，更不要总是蒙蔽自己，自欺欺人。

很多时候，人也和驴子一样，总是在原地转来转去，自以为走了很远，获得了成长，实际上却始终停留在原地止步不前。甚至有些人根本不愿意睁开眼睛，而只想闭着眼睛面对人生中的一切。在这种情况下，他们的视角越来越狭窄，人生也越来越局限。要想拥有大格局，要想在人生之中获得长足的进步和成长，我们就必须打开自己的视角，让自己从更多的方面看待问题，获得成长。

这就像是住房子，你是希望住在大房子里，还是喜欢偏居一隅，故步自封呢？毫无疑问，视角就像是思维的房子，只有把视角扩大，思维才有了更大的回旋空间。如果人们总是被视角局限住，就会在思考问题的时候因循守旧，根本不会取得质的突破和飞跃。

随着时代的发展，曾经只出现在神话传说中的飞天梦想变成了现实。为了把航天飞机顺利升空，科学家和工程师们付出了无数的艰辛和努力。在航天飞机准备发射阶段，工程师发现有个零件的位置不对，很有可能会导致推进器发生故障，也使整个飞天工作陷入失败的恶劣局面。为此，工程师决定延迟飞天的时间，必须在航天飞机飞天之前解决问题。为此，工程师带领整个工作团队夜以继日地工作，把所有的数据都重新核算了一遍，也想出了无数解决问题的方法，但是结果不能令工程师满意。

时间飞快地流逝，航天飞机还停在原地，工程师却因为废寝忘食导致身体抵抗力变得很差，突发阑尾炎。医生决定给工程师进行手术，紧急切除已经化脓且即将穿孔的阑尾，但是工程师满脑子想的还是零件的问题，突然，他脑海中灵光一闪：化脓的阑尾可以切除，如果那个零件不是必须存在，为何不能将其取消呢？最终，工程师在医院里的病床上召开工作组会议，大家都同意摘除这个航天飞机上的“阑尾”，问题迎刃而解。

人的思维都有惯性，这就是心理学上所说的思维定式。很多时候，人被局限在思维定式里，却毫无知觉，为此也就无法有的放矢地打破思维的铜墙铁壁，导致思维无形中受到局限，也使人生的发展被禁锢。这就像是思维的盲区一样，在思维的世界里，有的时候人们也像是被蒙上眼睛的驴子一样，只能看到眼前的这一片黑，甚至无法意识到自己的眼睛被蒙蔽住了，误以为一切本来就应该是黑色的。

在人生之中，要想有创新思维，或者创造性地解决问题，就一定要打破思维的壁垒，突破思维的局限，这样才能推陈出新，想出更好的解决办法。世界原本就是天高地远非常开阔的，我们完全没有必要把自己局限在思维的一个角落里，导致自己被困顿住。只有视野开阔的人，才能在成长的道路上不断地拓宽自己的人生天地，也才能勇往直前走出属于自己的人生道路。有人说，思想有多远，人生就能走多远。我们也要说，视角有多么开阔，思维就有多么开阔。由此可见，开拓视角，是让人生精彩无限的关键举措之一。

第6章

有格局的人有担当，坚强总能迎来希望

对于每个人而言，最重要的是什么呢？是要有担当。很多女孩在寻找人生伴侣的时候，都会把责任感放在第一位，实际上责任感就是担当。生活的压力如此之大，生存变得越来越困难，一个人如果没有担当，在遇到小小的坎坷挫折时就选择放弃，则一定无法得到他人的信任，做人也不能挺起脊梁。记住，山重水复疑无路，柳暗花明又一村，所以，你一定要坚强，熬过最黑暗的时刻才能迎来光明，熬过最艰难的时刻才能迎来成功。

人生要有格局，做人才有担当

在漫长的人生之中，每个人难免会遇到各种坎坷挫折与磨难，也常常在面对失败的时候感到灰心丧气，甚至彷徨无助。然而，人生并不会始终充满艰难，也不会一直一帆风顺。任何时候，做人都要淡然自若，才能最大限度激发生命的能量，也才能全力以赴经营自己的精彩人生。否则，在阳光明媚的时候欢笑，在阴雨连绵的时候又该如何呢？只怕只能盲目地忍耐，无奈地煎熬，不知不觉之间就失去了对于人生的主宰权。

一年有春夏秋冬四个季节轮流交替，人生也有悲欢喜乐不停地上演。既然人生是未知的，每个人都不知道自己的人生将会在何时戛然而止，那么就要努力尽心地活好每一天，也要在人生前进的道路上始终不忘初心，砥砺前行，从而才能距离自己梦想的生活越来越近。

曾经有一个年轻人觉得人生太累，身心疲惫，为此去找高僧开解。高僧什么也没有说，只是让年轻人背起背篓去爬山，并且叮嘱年轻人看到好看的石头就捡起来放入背篓里。对于高僧的安排，年轻人尽管很困惑，但是却完全照做。结果，随着背篓里的石头越来越多，年轻人变得非常苦恼，苦不堪言。到了山顶，高僧早已在等着年轻人，又让年轻人每下来一个台阶，就扔掉一块石头。结果，年轻人下山的路越走越轻松。最终，年轻人背着空背篓回到山底。高僧对年轻人说："你想要在人生中得到更多，就要有担当。而对于那些可要可不要的东西，要记住每个人的承受能力是有限的，不要一味地将其捡起来放入背篓里。"

作为年轻人一定要记住，任何时候都要有的放矢去面对，才能从容不迫地去成长。人在顺境中就要表现出胸襟，因为只有有大气度的人，才能与身边的人友善地相处。而在危难的时刻，就能体现出一个人的责任和担当。有大格局的人生，去路漫漫，而没有格局的人生，则总是自己把自己局限住了。所以要想让人生有好的发展，打开格局就是关键。

当然，格局并非与生俱来的，格局的大小也没有统一的标准。只有有格局的人，才能拥有开阔的胸怀，也才能有更高远的见识。记住，任何时候，都不要因为格局局限了自己，只有打开格局，让一切事情都更好地发展，才能获得更加长足的成长和发展。

那么，什么是担当呢？所谓担当，是根据每个人的胸怀与气度决定的，也是根据每个人的理想与志向决定的。在世界历史上，撒切尔夫人是威名远扬的，其实她之所以能够成为英国名震世界的"铁娘子"并非偶然。撒切尔夫人的乳名叫玛格丽特。在小时候，父亲就教导她一定要坐在前排，哪怕是坐公交汽车，也要当仁不让坐在最前排。为此，玛格丽特从小就非常努力，不管做什么事情都争取出类拔萃，为此在成为英国首相之后她也成为世界政坛上的铁腕人物。所谓永远坐在最前排，实际上是出位意识，就是勇于让自己坐在最前面，始终不甘于平庸。当然，这样的出类拔萃和优秀杰出是不可能凭空得到的，而是要勇于担当、敢于负责。

所谓担当，既有普遍的含义，那就是责任。根据每个人特殊的情况，也有特别的要求。担当总是主观进行的，而不是被动接受的。一个人要想活出独属于自己的精彩人生，需要有担当。古往今来，勇于担当都是人生中至关重要的品质，对于每个人来说都具有与众不同的意义。做人，一定要担当，才能成为顶天立地大写的人，也才能全力以赴过好属于自己的人生。

人生的每一天都应该翩然起舞

人生是一场未知的旅程，没有人知道人生旅程的终点在哪里，更没有人知道人生会在何时结束。由此可以说人生的长度是未知的，也是我们无法改变的。那么，如何才能让人生更加充实有意义呢？既然不能改变长度，那就要努力拓展人生的宽度。唯有如此，才能让人生变得更加充实精彩。在现实生活中，很多人整天都浑浑噩噩，无形中就让生命的宝贵时光悄然流逝。实际上，只有保证把人生的每一天都过得精彩，人生才是值得期待的。

所谓花无百日红，人生其实也是有高潮和低谷的。记得西方的寓言中有一个谜语特别经典，谜面是“什么东西早晨四条腿、中午两条腿、晚上三条腿”。这个谜面的谜底就是人。在中央电视台的一个广告中，也曾经以动画的方式播放人在一生之中的缩影，就是从婴儿四脚着地地爬行，到站立行走，到垂垂老矣拄着拐杖行走。这与西方的谜语谜面不谋而合。人生，说长也长，说短暂也短暂。任何时候，每个人都要更加珍惜生命的宝贵时光，从而才能在成长的过程中不断地努力进取。否则，当生命的时光悄然流逝，人生还有什么前途可言呢？

在《钢铁是怎样炼成的》中，主人公因为在战场上奋勇杀敌，身受重伤，甚至不得不在一生之中都承受疾病和痛苦的折磨。然而，他没有因此就放弃对于生命的热爱，而是非常努力地学习写作，把自己对于生命的理解和感悟分享给更多人。他也没有依靠政府的救助金生活，而是努力自强不息，自己养活自己。从主人公的身上，我们可以看到他对于生命的不屈服，也可以看到他总是能够全力以赴做好自己该做的事情。这才是对于生命应该有的态度，才是不辜负生命的行为表现。

前文说过，态度对于人生的影响是很大的。每个人都应该重视人生之中的每一天，如果对于生命懈怠了，以敷衍了事的态度自欺欺人，那么未来在做事情的时候就会陷入更大的被动之中，也会因此而改变生命的轨道。在这个世界上，时间对于每个人都是绝对公平的，时光悄然流逝，一去不返。所以对于每个人而言，最宝贵的就是生命，只有珍惜生命，我们才能把握命运的脉搏，也才能全力以赴绽放自己的精彩。

在一个村子里，因为没有水源，所以大家都要去很远的地方挑水来生活。后来，村长在村子里修建了一个蓄水池，又安排两个年轻人负责挑水，这样一来村子里的人就有水可以用了。这两个年轻人一个叫杰克、一个叫亨利。杰克和亨利每天都在挑水，每一桶水还有薪酬。为此，杰克和亨利都很高兴。

这样过去没多久，亨利觉得整天挑水太累了，因而对杰克提出："杰克，我们可以修建一个引水渠，以后只要坐在家里就能卖水了。"然而，杰克对此不以为然："现在每天都能赚到钱，多好。"杰克拒绝了亨利的提议，亨利就自己一个人修建引水渠。在整整一年的时间里，亨利都没有收入，而杰克却挑水更频繁，也赚到更多的钱。杰克常常嘲笑亨利很傻，亨利却从来不为自己辩解。后来，亨利终于把引水渠建成了，他坐在家里守着水龙头，就能收钱，收入翻了10倍不止，而杰克再也没有生意可以做。

在这个事例中，杰克的格局是很小的，所以他才会拒绝亨利的提议。而亨利的格局很大，所以可以潜心一年来修建引水渠，最终不但财源广进，而且还为村子里的人提供了最新鲜充足的水源。对于亨利而言，这当然是一本万利的生意，也是在为村子做好事。相信杰克一定会非常后悔自己当初拒绝了亨利的邀请，为此他丢掉了饭碗。

千里之行，始于足下。任何事情在真正做大做强之前，都要从小事情开始做起，靠着点点滴滴的积累成长。也许我们现在正在做的事情还没有明显的成效，但是只要坚持下去，总会有所收获，甚至会带来意外的惊喜。在心理学上，有“一万小时定律”，就是说一个人如果坚持在一万个小时的时间里都做一件事情，那么他一定会在这件事上有所发展和成就。既然如此，就不要对人生好高骛远，而是要很努力地经营人生，也要用心活好人生的每一分钟。

世界以痛吻我，我要报之以歌

在漫长的人生之中，每个人都注定无法顺心如意，人人都会有烦恼，也都会遇到各种各样的难题。例如，工作不如意，感情不顺心，再如人际交往出现障碍，健康出现各种糟糕的状况，甚至对于未来非常迷惘等，这些都是困扰人们的常见问题。那么面对这些问题，又要如何去做，才能让事情朝着好的方向去发展呢？不可否认，这个世界是非常残酷的，为此每个人都要做好准备迎接各种意外和灾难，也要时刻做好准备才能让自己有备无患。

如何在这个世界更好地生存下去，这是每个人需要面对的问题。也许我们无法有效改变这个世界，但是我们却可以改变自己的内心、端正自己的态度、完善自己的观念，所谓以不变应付万变，就是让我们在成长过程中更好地面对未来，成就自我。当面对那些不值一提的小事情时，我们还要控制好情绪，不要因此而变得愤怒，也不要因为各种原因就对自己总是苛责。人生不易，且行且珍惜，即使受到人生的伤害，我们也应该深情而又坚定地活着，才能不忘初心，砥砺前行。

很多人都曾经看过余华的一部作品《活着》，这部作品曾经被改变成影视剧，搬上了屏幕，为更多人所熟知。在这部作品中，有一句话值得每一个人铭记，那就是“人是为了活着本身而活着，而不是为了活着之外的其他任何事情而活着”。的确，有太多的人在活着的过程中忘却了初心，对于人生总是有太多的感慨和挫折，也总是会陷入被动的局面之中无法自拔。实际上，能够好好活着，就是人生最大的成功，大凡能够活得好的人，无一不是忍受了生命的磨难，而依然保持着挺立的姿态。

生存原本就是艰难的，不管是在弱肉强食的自然界，还是在暗流涌动的人类社会。每个人要想爬到食物链更高的环节，而不愿意沦落至食物链的最底端，就一定要更加积极主动去拼搏和奋斗。古往今来，大凡有所成就的人无一不是能够承受生命磨难的人，他们在身处坎坷的境遇时，依然能够全力以赴做好人生中该做的事情，也能够不遗余力为了人生而拼搏。司马迁遭受宫刑，没有因为受辱而选择结束生命，而是坚强地活下来，在狱中完成了《史记》。这是一部饱含着司马迁的屈辱和心血的作品，被鲁迅先生称为“史家之绝唱，无韵之离骚”。

在西方国家，小小的海伦因为猩红热，而失去了视觉、听觉，成为在黑暗无声世界里生存的人。但是她没有向厄运屈服，而是在莎莉文老师的帮助下，非常努力地学习，由此打开了面对这个世界的心门。最终，她不但成为杰出的作家，还成为慈善家，她创作的《假如给我三天光明》，给无数人都带来了光明和希望。

人生总不会是顺遂如意的，在面对艰难坎坷的时候，不要急于抱怨，而是要客观地面对自己，中肯地评价自己，也要激励自己努力前进。唯有如此，我们才能以信念支撑人生，才能坚定而又深情地活着，活出独属于自己的精彩和不凡！记住，面对人生，你只需要一种态度，那就是越挫越勇，绝不放弃。当你熬得过人生的磨难，你就会成为人生真正的强者，也就会在人生的历程中更加坚定不移、勇往直前！

无悔昨日，无惧未来

现实生活中，很多人都会情不自禁地陷入回忆之中，或者是因为触景生情，或者是因为对于现实不满意，或者因为去回忆中寻求逃避。殊不知，这个世界上从来没有卖后悔药的，而且时光也从来不会倒流。对于那些已经发生的事情，既然变成了历史无法改变，我们在努力反思，总结经验和教训之后，就要学会遗忘，而不要始终停留在懊悔和自责之中，否则不但会错过太阳，也会错过群星。

很多人都喜欢说："如果当初……就……"不得不说，这样的假设根本不成立，如果当初你买了房子，现在早就成了百万富翁，但是现实却是你并没有买房子，而且你原本可以用来买房子的20万元也变得连付首付都不够。为此，你非常懊恼，怨恨自己为何当初没有抓住机会果断出手。但是，你再也没有机会回到过去了，在这个房价越来越贵的时代，如果你始终在懊丧自己没有及时出手，那么你连抓住现在的机会也都没有了。

人，不能只活在懊丧之中。作为一个明智的人，一定知道只有今天才是可以把控的，为此要调整好心态，活在当下，活在眼前。唯有把每一个今天过得充实而又美好，我们才会有充实的、无怨无悔的昨天，才会有美好的、值得期待的明天。

很多哲学家都主张要活在当下，正是因为他们洞察了生命的真相，也不想把生命的时光白白浪费在时间的长河里。当往事已经成风，我们一定要努力抓住现在，才能拥有值得期待的美好未来。也许有人会说，过去的确是让人悔恨的，因为没有人可以成功地从过去中摆脱出来，从而憧憬未来。在人生的很多时刻，偏偏过去总是如影随形，让人无法遗忘和舍弃。例如鲁迅笔下的祥林嫂，因为孩子被狼叼走了，所以她始终都无法原谅自己，沉浸在自责之中，也常常会向不同的人倾诉。最初，她赢得了大家的同情，但后来大家都躲避她，因为每个人都已经厌倦了她的倾诉。

既然生命是一条奔腾不息的河流，永远也不可能倒流，那么我们就要从容面对人生的流逝，要全力以赴做好自己该做的事情。记住，把人生的每一天都当成生命中最后的一天来过，这样才能没有遗憾，也才能无怨无悔。而且，生命在每个阶段都有独特的魅力，为此我们要喜欢生命的时光，始终都怀着欣喜的心情面对生命。记住，如果不能改变外界的环境，我们就要全力以赴调整好自己，这样才能做到以不变应万变，也才能做到真正积极地面对人生，最终拥有无怨无悔的人生。

对于未来的到来，也不要感到害怕，因为未来总是不期而至的，常常有朋友畏缩未来，甚至会情不自禁地退缩。实际上，在人生的历程中，我们一定要更加全力以赴做好该做的事情，这样才能更加坚定执着地前行。人生最大的幸运，一是足够勇敢，无所畏惧，二是有所担当，从不感到懊悔。记住，人生是需要遗忘的，尤其是对于那些无法改变的事情，我们更是要努力坚定地向前，勇敢无畏地面对。唯有如此，才能成为人生真正的强者，把控人生，主宰命运。

熬得住，才能过好生活

曾经有一位记者采访一位百岁老人，这位百岁老人跨越世纪，经历了好几个时代。她在封建社会里当过受气的媳妇，在抗战年代里饱尝战火的硝烟，也在新时代里享受和平安乐的生活。记者问老人："老人家，您如此高寿，对于人生有什么感想吗？"老人说："就一个字——熬。"听到老人家的回答，记者感到很纳闷：活过百岁可是一件值得骄傲和自豪的事情，老人为何只用一个字就概括总结了呢？记者以为老人家没有听懂她的提问，因而又详细阐述了一遍问题，没想到，老人还是坚定地回答一个字——熬。细细品味，记者才发现熬的确是老人活过百岁的秘诀。

在每个人的人生之中，都是有苦也有甜，有顺遂也有挫折的。常言道，人生不如意十之八九，这也正告诉我们不如意是人生的常态，如果总是和人生较劲，就会导致连未来也失去了。那些扛着勇敢的大旗要与人生叫板的人，都不是人生的聪明人，而是糊涂者。对于人生，有的时候要顺从，有的时候要忤逆，这些都是根据人生具体的情况决定的，而不是仅凭着人的心意就能决定的。任何时候，我们都要全力以赴奔赴人生的目标，这样才能避免被各种诱惑冲昏了头脑，也才能避免在成长过程中陷入各种困境。

在这个发生着日新月异变化的时代里，我们一定要静下心来，才能更加坦然地面对一切。否则，自己就先乱了阵脚，如何还能坚定不移地面对人生呢？很多人都喜欢读作家史铁生的作品，那么就会知道史铁生是一个残疾人，总是坐在轮椅里。实际上，史铁生虽然是残疾人，却也是人生的强者，在打消轻生的念头之后，他选择坚强地活下来，并且以笔作为自己书写内心的工具。也有很多人都喜欢读《红楼梦》，却不知道曹雪芹正是在家境衰落之后完成了《红楼梦》的创作。在整整10年的时间里，他们全家人都缺衣少食，只能吃粥度日。但是，曹雪芹没有向命运屈服，而是让自己变得坚强，与命运对抗。

总而言之，古今中外，有很多伟大的人之所以获得成功，并不是因为得到了命运特别的偏爱和照顾，而是因为能够在命运的挫折和磨难面前坚持住，熬下去。所谓守得云开见月明，说的正是那些有顽强意志力的人。尤其是在奋斗的过程中，每个人都会遇到各种各样的挫折与坎坷，记住，困难像弹簧，你强它就弱，你弱它就强。任何时候，我们都要与命运搏击，才能最大限度改变命运、驾驭命运。

现实生活中，很多朋友因为没有决心和毅力，所以在做很多事情的时候，往往付出了很大的努力，却没有坚持下去，导致功亏一篑。实际上，成功与失败只有一步之遥，甚至最终的结果是成功还是失败也只在一念之间。人生是不相信眼泪的，与其被动地等待人生给予我们更多的转机，不如主动地创造机会，扼住命运的咽喉。你能相信贝多芬正是在失去听力的情况下，创造出《命运交响曲》的吗？如果你热爱某个事业，并且坚定不移地相信自己一定能做好，那么你就能做好。记住，好运不会从天而降，唯有不断地努力和振奋，才能全力以赴地改变命运、成就自我。

与其逃避，不如拥抱苦难

人的本能都是趋利避害的，人人都希望得到命运的善待，而不希望得到命运的亏待。为此，当面对苦难的时候，他们情不自禁就想逃避，却不知道有些命运是逃不掉的。虽然把一切都归咎于命运并不科学，也不合理，但是有的时候，命运的确无法抗拒。既然不能逃避苦难，不如积极地拥抱命运，迎接苦难的到来，也唯有迎着命运而上，才能真正地战胜苦难，在人生之中获得更加强大的心灵力量。

不可否认，现实生活中，很多人都曾经因为自己身处困境而烦恼。当然，一味地抱怨或者逃避非但不能解决问题，还会导致问题变得更加复杂和糟糕。既然哭着也是一天，笑着也是一天，我们为何不能笑着度过人生的每一天呢？只要我们全力以赴做好该做的事情，就一定会实现人生的理想和志向。曾经有人说，人生中如果没有苦涩，也就没有甜蜜；如果没有丑陋，也就无所谓美好；如果没有坎坷与挫折，也就没有所谓的顺心如意。因而，每个人都要学会接纳人生的不如意，才能在人生的道路上端正心态，绝地反击。

固然，人人都想卓尔不群，都希望自己能够成才，却不知道人生从来都没有彩排的机会，究竟做得如何，都是一次成型的。那么要想让自己出类拔萃，在顺境之中并不能很好地表现出来，唯有在逆境之中，才能彰显出一个人的气度和胸怀。所谓危难时刻见真情，实际上危难时刻也能看到一个人的真实能力。所谓路遥知马力，日久见人心，“路遥”和“日久”可以验证一个人的品质。

记住，人生不是被用来享福的，而是用来接受磨难的。只有能够在挫折和磨难中崛起的人，才能从容不迫地面对人生，主宰和驾驭人生。对于强者而言，苦难是他们进步的阶梯，而对于弱者而言，苦难则是他们成长的绊脚石，甚至是他们人生的深渊。任何时候，遇到苦难，都不要一味地抱怨，更不要自甘沉沦。唯有想方设法战胜苦难，才能彰显出自己的与众不同和气度。

默克尔是德国历史上的第一位女总统，而且也是历届总统中最年轻的总统。她小时候学习游泳时，跳台足足有3米高，为此默克尔非常恐惧，瑟瑟发抖，根本不敢迈出去一步。同学们都在鼓励她，她还是无法战胜恐惧，眼泪都情不自禁地流出来了。终于，她努力地向前迈出一步，闭着眼睛跳下跳台。同学们都问她是如何战胜恐惧的，她说：“爸爸告诉我，哪怕害怕得闭着眼睛，也要勇敢向前。”正是因为有这样顽强不屈的精神和意志力，默克尔才能在成长的过程中一往无前，持续进步。最终，她不但获得了物理学博士学位，而且进入政坛，造就了自己在政治上的辉煌成就。

的确，当你能够战胜恐惧，哪怕闭着眼睛也勇敢地向前一步，你就能够成功地摆脱困境。相反，那些总是因为胆怯和畏缩而停留在原地的人，不管多么努力，也不可能有进步。毋庸置疑，生活的滋味是非常复杂的复合味道，也有人说生活有百般滋味。然而，我们必须勇敢面对生活，才能全力以赴赢得人生的胜利。

记住，人生是一场苦难，日子再苦涩难熬，我们都要微笑着面对。唯有战胜生活的困难，唯有在人生前进的道路上不断地前行，我们才能真正地驾驭生活，也才能领悟人生的真谛。

第7章

格局影响选择，有大格局的人总是会取舍

格局大小，往往影响抉择。实际上，人生就是由一次又一次的选择组成的，一个人要想在人生之中有所收获和成长，就一定要扩大格局，这样才能避免目光短浅、眼光狭窄。也只有拥有格局，才会在人生中面临很多取舍的时候，能够把目光看得长远，从而更好地面对未来，决断人生。

知道取舍的人，成就大格局

前文说过，格局决定人生，由此可见，只有有大格局的人，才知道取舍，也才能在很多关键时刻问清楚自己的心到底想要怎样的生活。有人说人生是一场未知的旅程，有人说人生总是起起伏伏，如同在大海上航行，也有人说人生是由无数个错误组成的。而从本质上而言，人生是由一次又一次的选择构成的。当你做出一个又一个正确的选择时，就可以一次又一次把人生进行合理的衔接，从而使人生变得更加积极果断，也变得更加从容不迫。

有人说，每个人在人生之中有两次投胎的机会，一次是出生，一次是结婚。当然，选择与怎样的人恋爱结婚，每个人都可以擦亮眼睛，做自己的主。然而，投胎生在怎样的家庭，却是每个人都无法选择和决定的。在现实生活中，有太多的人面临太多的诱惑，也有太多人总是在欲望之中沉沉浮浮，只有不断地努力，坚持去奋斗，才能满足自己小小的欲望。然而，欲望是无底的深渊，如果有太多的欲望，人也是会在欲望中迷失的。尤其是在现代社会，有太多的烦恼与诱惑，也有太多的想要得到和不愿意失去。任何时候，都不要因为不知道取舍而使人生变得被动和无奈，而是要放下心中的过多欲望，让自己的人生变得简单极致，这样才能最大限度改变人生，掌控命运。

有一位国学大师曾经说过，一个人只有放下才能主动承担，一个人只有果断舍弃才能获得更多。总而言之，每个人都是在生与死之间徘徊，每个人既无法决定生，也无法决定死，只有在生与死的过程之中做好每一次选择，才能让人生绽放出异样的精彩。

很多人的烦恼也正是因为得不到和放不下，归根结底，这两个问题也是与生死攸关的。现实生活中，人们总是面对太多的欲望和太多的诱惑，大多数人根本不懂得取舍之间原本是可以相互转化的。有的时候，得到就是失去，而有的时候，失去就是得到。只有真正明白舍弃的道理，才能更加主动地获得。否则，人生就会变成一团乱麻，也会变得完全失去了方向。

发明大王爱迪生小时候因为家境贫穷，无法专心致志地从事科学研究，为此他不得不在火车上卖报纸，这样才能有钱养活自己。有一次，爱迪生因为疏忽导致火灾，列车长非常生气，狠狠地给了爱迪生一记耳光，使爱迪生的听力受到很大的伤害，罹患重听。对于这一件事情，换作别人，也许会一辈子都很怨恨列车长，但是爱迪生非常积极乐观，有一次，他告诉朋友："我罹患重听，其实也不都是坏事情，反而有好处。例如，当别人总是说出一些闲言碎语、流言蜚语的时候，我根本听不到，也就避免了烦恼。"正是因为有如此坚强乐观的精神，他才能够从糟糕的事情中看到积极的一面。爱迪生在研究灯丝材料的过程中不断失败，正是凭着百折不挠的精神不断地进行实验，终于找到合适的材料作为灯丝。如果他总是陷入懊丧和绝望之中，根本不可能进行7000多次实验，也根本不可能成为举世闻名的发明大王。

人生不如意十之八九，其实人生中不仅仅有不如意，还有很多其他的坎坷挫折和磨难，对于人生而言，如果有小小的障碍就停滞不前，人生就会倒退，而只有在失败之中汲取经验，在苦难之中振奋精神，才能不断地踩着失败的阶梯努力向上。不管是做人还是做事，都要做好准备才能在成长过程中有所发展，如果总是仓皇失措，总是遇到任何事情就止步不前，那么人生的进步也就会变为空想。记住，人生没有回头路可以走，我们每个人要做的就是拼尽全力走好脚下的路，全力以赴做好该做的事情。当面对磨难内心不安的时候，也许固执的坚持是一个不错的选择。

人生一定要有大格局，才能在格局的指引下进行进退取舍，也才能在人生的道路上有更好的未来值得憧憬。

金无足赤，人无完人

常言道，金无足赤，人无完人，这就告诉我们在现实生活中，每个人都不可能是毫无瑕疵的瓷器，而常常会有很多的微小瑕疵出现。那么一个人对自己不要过于苛责，对别人也不要总是挑剔。所谓以宽容自己的心宽容他人，以善待自己的心善待他人，这样才能更好地获得成长。

在现实生活中，人人都是群居动物，都需要在人群中生活。既然如此，就要搞好人际关系，这样才能让自己在人群中如鱼得水、游刃有余。当然，要想与人搞好关系，或者协调好生活中、工作中的人事关系，就要学会宽容。在这个世界上，每个人都有优点和缺点，也有优势和不足，不要奢求一个人是完美无瑕的，也不要总是认为一个人是无可指责的。任何时候，只有客观公正地认知他人和自己，才能从容面对每一个不同的生命个体。需要注意的是，还要学会站在全局上来考虑问题，有太多的人总是心胸狭隘，或者盯着他人的缺点不放，或者总是牢记他人无形中犯下的错误。

尤其是在职场上作为领导，就更要学会知人善用。三国时期，刘备之所以能够三分天下，成为一方霸主，并非因为他自身的能力有多么强大，而是因为他总是能够任人唯贤。为了请出诸葛亮，刘备三顾茅庐，实际上这就是求贤若渴的表现。如果刘备不曾请出诸葛亮，那么就缺少了一个得力干将，也就不可能做出后来的成就。记住，如今的社会生活中，已经不再提倡个人英雄主义，或者说一个人哪怕能力再强，也不可能完全凭着自己的能力独当一面。更重要的是，要学会与身边的人合作，要学会借力，要学会融入可以融合的力量，这样才能在人生的道路上不断地成长，持续地进步。

在清朝时期，胡雪岩是大名鼎鼎的红顶商人，把生意做得非常大且红火。胡雪岩把生意做得风生水起，并非完全依靠自己的力量，而是能够恰到好处地利用身边的人。

在当时，小和尚陈世龙是人人都发怵的对象，这是因为他是个混世魔王，吃喝嫖赌样样俱全，但是胡雪岩却发现陈世龙不卑不亢，从容大方，而且待人处世也非常得体。此外，陈世龙很讲义气，对于胡雪岩忠心耿耿，尽管无恶不作，但是从未背叛过胡雪岩，而且对于自己承诺的事情，他也总是拼尽全力去做到。正是因为如此，胡雪岩才会重用陈世龙，也才有了得力的助手，有了信得过的左膀右臂。后来，胡雪岩把生意上的很多事情交给陈世龙去做，陈世龙总是尽心尽力，从未让胡雪岩失望过。

不得不说，胡雪岩拥有过人的胆识和魄力，所以才能看到陈世龙身上不为人知的优点，也把陈世龙留在身边委以重任。不可否认的是，每个人都是这个世界上独一无二的生命个体，每个人在面对人生的过程中，都会做出自己的选择和决断。为此，每个人都是不同的，也拥有不同的人生。任何时候，我们都不要盲目羡慕他人，而是要更加努力地活出属于自己的精彩。当看到一个人的缺点时，我们不妨问问自己：对方有什么优点呢？当觉得一个人看似完美无瑕的时候，我们不妨问问自己：他有没有不为人知的缺点呢？只有这样尽量客观全面地了解他人，我们与他人之间才能更好地相处。

有大格局的人，不会鼠目寸光只盯着别人的缺点，而是会全面观察一个人，这样才能知道对方身上有哪些缺点，也有哪些优点，从而给予对方更好的成长空间。如果总是盲目和无知地为人处世，则人生常常会陷入被动的状态。任何时候，我们要想接近成功，都要学会与人相处，也要学会与人合作和相互借力。常言道，一根筷子被折断，十根筷子抱成团。作为优秀的人，也要学会抱团取暖，也要学会全力以赴做好该做的事情。

舍得舍得，有舍才有得

一个人只有两只手，如果在一个堆满金银宝藏的山洞里，如何用两只手拿到更多的财富呢？一味地用手去抓住很多的东西，无疑是不可取的，因为有些东西虽然数量众多，价值却并不是最高的，我们要学会区分和衡量不同东西的价值，这样才能全力以赴成就最大的价值。当然，这里所说的价值并非是完全以金钱进行衡量的。在人生之中，没有钱尽管万万不能，但是有钱却从来不是万能的。钱可以买来床，却买不来优质的睡眠；钱可以买来医药，却买不来健康；钱可以买来华丽的衣服，却买不来别人的尊重……总而言之，钱可以买来很多东西，但是却也同时会让我们失去很多东西。任何时候，都不要把钱看得那么重要，更不要觉得钱是无所不能的。因而在人生之中进行取舍的时候，我们也不能完全把钱看作最重要，而是要有综合的衡量标准，也要明确在人生之中真正最重要的是什么。唯有如此，才能恰到好处地取舍，也才能真正全力以赴去把人生经营好。

如果说人生是一个袋子，那么在人生的历程中，这个袋子的容纳是有限的，不可能无限度无休止地装满很多东西，一定要有所取舍，才能装入其中最重要的东西。也有人把人生比喻成一场突如其来的大火，那么如何从这场大火中挽救更多的东西，减少损失，就是最重要的。总而言之，我们要问清楚自己的心，确定自己对于人生最重要的是什么，这样才能全力以赴做好很多的事情，也才能不遗余力把一切都经营得风生水起。人生的道路有千万条，也不要总是在一条道上走到黑。唯有不断地努力进取，全力以赴地做好该做的事情，我们才能让人生更加风生水起，也更加充实精彩。

有一部关于绝地求生的电影，具体名字已经忘记了，然而电影的情节至今依然历历在目。影片一开始，充满活力的男主角去大峡谷中玩耍，还遇到两个漂亮的女孩，和女孩互相留下电话。后来他在穿越峡谷的时候，一不小心掉入大峡谷的裂缝之中，而且滚落的石头还把他的一只胳膊死死地卡住，让他动弹不得。他的身边只有少量的水，一开始，他想等到有人来的时候呼救，然而这个大峡谷实在太辽阔了，等了很久，他都没有等到救援。又因为他在来大峡谷之前害怕妈妈反对，所以故意在和妈妈通电话的时候隐瞒了自己的去向，身边的人都不知道他失踪了，更不知道他在大峡谷之中遇险了。就这样，他开始展开自救。他胳膊上的骨头没有完全断开，为此，他不得不用迟钝的刀挑断胳膊上的血管和筋膜，切开肉，然后砸断骨头，这样才能如同壁虎断尾求生一样断掉胳膊，然后爬出大峡谷求生。

我们仅仅是想象这样的情形和画面，就会觉得很疼，可想而知他是怎么艰难熬过来的。然而，在生死存亡的危急时刻，他深刻意识到不管多么疼痛，哪怕失去胳膊，也要顽强地活下来。可以说，他是非常勇敢的，也是求生的意志力挽救了他。否则，他一定会葬身峡谷，无法获得生机。

在关键时刻，除了生命之外，有什么是不可舍弃的呢？人生是那么短暂，常常如同白驹过隙一样转瞬即逝，作为独立的生命个体，一定要珍惜生命、爱惜生命。当生命遭受突如其来的灾难，我们更要学会取舍，果断放弃一些东西，才能保全性命。此外，在现实生活中，即使没有面临生死存亡的危机，在面对感情、道义等种种人生境遇时，我们也应该坚持做人的原则和底线，而不要轻易地改变自己的内心，让人生也随之变得漫无目的。记住，人生是一场未知的旅程，每个人究竟能从人生之中看到什么、感受到什么，这都是需要每个人拼尽全力去争取的。只有怀着积极的心态，从容地应对人生，才能在成长过程中不断地崛起，勇敢无畏地前进。

接纳寂寞，享受孤独

人是群居动物，在现实生活中，很多人都已经习惯了熙熙攘攘的生活，也习惯了周围的喧嚣和热闹。然而，人生不可能一直热闹下去，很多时候，我们要学会接纳寂寞，也要学会享受孤独，才能更加坦然地面对自己，也才能从容地走好属于自己的人生之路。

作为大名鼎鼎的历史学家，文澜先生总是甘于寂寞，潜心研究历史，他说，“板凳甘坐十年冷，文章不著一句空”。这句话告诉我们，每个人要想获得成功，做成大事，都要耐得住寂寞，守得住清贫，才能在成功到来前的黑暗中健硕自己的内心，获得长足的成长和进步。如今，经济发展的速度很快，很多人总是心浮气躁，陷入对于物质和金钱的狂热追求之中，最终迷失了自我，忘却了初心。

在这个快餐时代，我们一定要不忘初心，坚守始终，才能全力以赴做好该做的事情，才能真正坚定执着地做好自己。任何时候，人生都是没有止境的，有人说学海无涯，其实人生也无涯。要想在人生之中做出成就，全力以赴奔赴未来，我们就一定要接纳寂寞，享受孤独，才能熬过黎明到来前的黑暗，才能真正把人生活出精彩，获得充实。

对于大多数人而言，寂寞都是一种残酷的考验，真正内心强大的人可以战胜寂寞，而那些内心胆小怯懦的人却会向寂寞缴械投降，也会在寂寞的过程中迷失自我、忘却初心。相比之下，人生的强者可以接纳寂寞，也可以经受住人生寂寞时光的磨炼，在孤独中崛起。人是情绪动物，每个人都有七情六欲，由此注定了寂寞是人生之中无法摆脱和逃避的，只有勇敢面对。当一个人能够驾驭寂寞的时候，就能够坦然地在孤独的心境中面对自己，与自己对话，也可以在成长的过程中从容地走好属于自己的人生之路，坚持成长。

古今中外，大多数人之所以能够获得成功，就是因为他们可以忍耐孤独，面对寂寞。任何时候，都不要对寂寞耿耿于怀，而是要如同小酌一杯那样循序渐进地接受寂寞，才可以从容地战胜寂寞，超越和成就自我。

当然，对于大多数人而言，要从容地接受寂寞，需要经过漫长时间的修炼。人的心总是追求繁华与热闹，也生怕自己被他人遗忘在寂静的角落里。然而，人生不如意十之八九，在寂寞时，我们必须非常努力，调整好自己的心态，才能更加全力以赴在孤独中修炼自己，让自己获得成长。众所周知，昙花只开放几个小时，铁树也要等待漫长的60年时光才会绽放花朵，在沙漠里的蒲公英穷尽一生都在等待一场雨。在绚烂绽放之前，它们都在寂寞和孤独中经历了长久的等待。任何时候，做人一定要耐得住寂寞，才能经得起繁华，也只有在孤独中与自己相处，才能不断地成长、持续地进步。

在有大格局的人生里，寂寞是一种点缀，也是不可忽略的调味剂。当内心过于喧嚣，变得浮躁，不如安享寂寞，品味孤独，这样才能发挥自身的力量，让自己的内心变得更加充实从容，精彩绽放。

坚持不懈，砥砺前行

在人生之中，很多人都会觉得自己拥有的太少，而失去的太多。实际上，这是人的心态决定的。这么想的人往往无法获得幸福感，因为他们常常会因为内心的孤独而陷入无边的黑暗之中，也根本无法从容地面对自己。反过来想，假如能够因为自己拥有的而感到知足，而对于已经失去的就果断地放弃，不要总是沉浸在失去的痛苦之中无法自拔，则人生就会获得解脱，也能够在成长的道路上砥砺前行，勇往直前。

对于每个人而言，人生都是漫长的里程，那些走得艰难的路都是上坡路，往往需要人付出加倍的辛苦和努力。而那些走得容易的路，则都是下坡路，也许轻轻松松毫不费力就能走好。面对人生的选择，也许会觉得很艰难，却不要轻易放弃，因为人生总是要面对各种糟糕的境遇，也总是要全力以赴才能突破困境。在自然界里，大闸蟹生长时要在短短几个月蜕壳很多次，毛毛虫蜕变成蝴蝶也需要突破厚厚的茧，作为软体动物的蛇，也需要不断地蜕皮，才能获得成长。很多人都喜欢在高空中翱翔的老鹰，却不知道老鹰的寿命很长，可以到达70多岁，但是在40岁的时候，老鹰就会羽毛老化，喙和爪子都变得迟钝。在这种情况下，老鹰会先在坚硬的岩石上撞击，把喙脱落，等待新的喙长出来，它再用喙拔掉爪子，并一根根地拔掉羽毛。这样一来，它才会长出新的爪子和羽毛，才能获得新生。在此期间，老鹰面临着重重危机，没有自保的能力。但是它如果不这么做，生命很快就会无以为继。为了生存，老鹰做出了唯一的选择。

现实生活中，我们也常常面临这样的选择，即为了获得成功，必须坚持不懈地努力，也必须全力以赴去争取，唯有如此，我们才能做好自己该做的事情，也才能真正让人生绽放异样的光彩。当然，每个人的承受能力也是有限的，一味地给自己加重负担并非明智之举，更重要的是要做好自己该做的事情，适度取舍，才能轻装上阵，砥砺前行。如果总是贪婪地想要拥有一切，导致自己在成长的多背负太多的负担，那么人生前进的速度就会受到很大的影响，也会因此而止步不前。因而在人生之中，当需要舍弃时，我们一定要当机立断地舍弃，因为有的时候失去就是得到。失去了沉重的负担，得到了轻盈的跃进，这岂不是更有意义的吗？

人生不会是顺心如意的，对于人生中的很多事情，我们必须学会去争取，否则就会落后，就会失去进步的姿态。尤其是在遭遇坎坷挫折的时候，更要振奋自己的精神，激励自己的态度，才能更加不忘初心，砥砺前行。如果一遇到小小的不如意就放弃，则人生一定会变得非常迷惘，也会在成长的过程中迷失自我，不知所踪。任何时候，都不要放弃，也不要让失望和绝望的阴云弥漫人生。

有个年轻人去参加一家单位的面试，在面试的过程中，这个年轻人因为堵车，所以来得有些晚了，虽然没有迟到，却排在面试长长队伍的后面。这个年轻人提前做足了功课，很喜欢这家公司，也很想得到这个工作的机会，为此他写了一张纸条给文秘，请求文秘一定要交给面试官。文秘不知道纸条上写的是什么，但是看到年轻人一本正经的样子，还是把纸条送给了面试官。

面试官拿到纸条忍不住笑起来，说："好吧，你告诉那个年轻人，他被录取了。"原来，年轻人写的是："在我没有面试之前，千万不要把人员招聘满，我保证您看到我不会后悔的。"实际上，面试官根本不知道年轻人的真实能力和水平如何，但是通过字条，他却看到了年轻人一颗真诚和灼热的心。为此，面试官决定给年轻人一个机会。

对于年轻人而言，在面试的时候迟到时有发生，但是有几个年轻人能像事例中的年轻人一样，努力地为自己争取面试的机会呢？当他这么做了，也许未必能够如愿以偿得到机会，但是拼尽全力为自己争取了，即使失去了这次机会，想必也不会太后悔。

很多事情，不去试一试怎么知道结果如何呢？很多人面对各种事情总是杞人忧天，导致人生陷入各种困顿之中。对于年轻人而言，如果能够在即将错失机会的时候努力争取，则人生就会拥有更多的机会，自然也会拥有更美好的未来。

记住，成功从来不会从天而降，我们必须努力争取成功的机会，才能在成长的过程中变得更加积极主动，从容不迫。如果我们总是被动地等待机会，也时常会在机会到来的时候因为犹豫不决而错失机会，那么我们就会距离成功越来越远。成功的人总是知道自己想要怎样，也有明确的人生目标，为此他们会朝着目标努力奋进，即使遇到坎坷和挫折也绝不轻易放弃。记住，任何时候，人生都是需要不断积极进取的，这样才能不断地突破自我、成就自我。

宠辱不惊，闲看庭前花开花落

人生之中，除了金钱名利之外，更多的人追求的是所谓的面子和虚荣。正因为如此，他们总是活在别人的评价之中，总是对于他人做出过于激动的反应。例如，有的人特别爱面子，看到邻居家里买了大房子，他们也马上要买大房子。看到身边的朋友买了豪华的车子，他们也很心动，哪怕借钱也要跟风。实际上，人生中真正需要的东西很少，如果总是这样人云亦云，做事情盲目跟风，则人生就会面临很多糟糕的局面。任何时候，我们都要怀着一颗淡然的心，才能宠辱不惊，坚定充实地做好自己。

当然，人是情绪动物，随着外界的各种改变，情绪上总是会有所变化。当人成为情绪的主宰，就可以驾驭情绪；当人总是被情绪控制，就会成为情绪的奴隶。任何时候，我们想控制自己，主宰人生，就要控制好情绪，而不要因为各种原因就向着愤怒冲动的情绪缴械投降，更不要因为各种原因而导致自己陷入被动的状态之中无法自拔。记住，宠辱不惊，闲看庭前花开花落，这才叫是人生之中最美妙的境界。

曾经有心理学家提出，很多人的焦虑都是毫无意义的，因为他们焦虑的事情根本不会发生。也有心理学家说，缺乏自制力的人注定一事无成。实际上，真正的人生强者，可以从容过面对人生中的各种境遇，不管是得意还是失意，他们都能从容面对，绝不焦虑。这才叫真从容、真淡定。

苏轼在江北瓜州任职时，结交了江南金山寺的佛印禅师。每到闲暇的时候，苏轼就会去江南和佛印禅师一起谈禅论道。有一天，苏轼突然有感而发，写了一首诗。他扬扬得意，觉得自己的诗作很有意境，便专门派遣书童当即把这首诗送给佛印。

佛印拿到诗作读完，不以为然地在诗作上写了两个字“放屁”，就让书童把诗作带给苏轼。苏轼看到这两个字之后，气愤不已：作为好朋友，你不但不赞赏我的诗作，还故意辱骂我？苏轼渡江过来找到佛印，对佛印表达了自己的不满，佛印却对苏轼说：“你的诗作里说‘八风吹不动’，为何现在却一屁打过江呢？”听到佛印的质疑，苏轼无言以对，惭愧地低下头。原来，苏轼的诗作中所说的八风，指的是人生中的八大境界，又因为对于人生的影响很大，为此被称呼为八风。苏轼扬扬得意，觉得自己可以内心平静，却因为佛印批示的“放屁”二字就在江北坐不住了，而马上到江南发泄不满。由此可见，苏轼的修炼还远远不够呢！

每个人在人生中都难免会遇到各种各样的事情，如果因为一些小事情就导致自己内心波澜起伏，那么还如何面对波澜壮阔的人生呢？整个世界都处于随时随地的变化之中，最重要的是一定要更加全力以赴做好该做的事情，才能让自己以不变应万变，坚守笃定的内心。

做人做事，任何时候都不要因为那些不值一提的原因而变得内心迷乱，而是要坚定不移地知道自己要什么，也知道自己的人生应该是怎样的，这样才能朝着目标努力奋进，绝不放弃。记住，宠辱不惊，闲看庭前花开花落固然可以做到；去留无意，漫随天外云卷云舒，却是人生的大目标和大智慧。只有内心安然，人生才能处境坦然。

第8章

格局决定行为和姿态，我这样做是因为我懂得

人生格局不同，在生命历程中做人做事的风格也会截然不同。有大格局的人心量大，所以在为人处世的过程中就有更加开阔的思维和胸怀，也不会因为那些斤斤计较的小利益就迷失了自我。所以每个人都要修炼自己的心量，这样在人生的格局中才会更好的表现，也才会从容地面对人生。需要注意的是，人生总是难以避免会面对各种不如意和糟糕的境遇，只有以格局决定心态，才能从容度过。

宽容既是容人，也是成全自己

所谓宽容他人，实际上就是宽宥自己。正如一位名人所说的，生气就是用别人的错误惩罚自己，那么当一个人有着宽容的心胸，能够用宽容自己的心态宽容他人，也接纳他人，他就会拥有更加广阔的天地，也会拥有更美好的未来。反之，如果总是因为别人的错误而斤斤计较，既不愿意原谅别人，也不愿意宽容自己，则人生就会陷入困顿之中，变得非常被动和无奈。

曾经有一位名人说过，世界上最宽广的是海洋，比海洋更宽广的是天空，比天空更宽广的是人的胸怀。当然，也有人的胸怀非但不比海洋和天空宽广，反而非常狭窄，就连一根针都塞不过去。可想而知，拥有这样狭窄胸怀的人，人生之中必然是各种不满，而没有幸福和快乐可言。

当然，所谓的宽容也不是无原则的。例如有些事情涉及原则性问题，就要更加注意纠正，而有些事情与原则无关，就可以放宽胸怀。人生之中，我们要始终牢记宽容的原则和底线，才能更加从容地应对人生，也才能获得更好的结果。在中国，很多人都喜欢大腹便便、笑口常开的弥勒佛，实际上就是因为弥勒佛笑口常开，笑天下可笑之事，大肚能容，容天下难容之人。所以，他才会始终绽放来自心底的真心笑容。

宽容的人，既不会把别人逼入死角，与此同时也给自己留下了更大的回旋余地。在这个世界上，金无足赤，人无完人，没有任何人能够把事情做得面面俱到，做好每一件事情。在不小心犯了错误之后，我们一定要非常理性地面对他人的错误，就像宽容自己那样宽容他人。如果总是揪住别人的小辫子不撒手，或者总是不懂得宽容，只会让自己的内心变得不安然，也会因此而陷入忧愁焦虑的状态。人与人之间的关系总是相互的，任何时候，我们想要得到别人怎样的对待，就要怎样对待别人；要想得到生活的怎样馈赠，就要怎样对待生活。只有先把自己该做的事情做好，我们才能在生活之中更加游刃有余，表现良好。

现代社会，人际关系被提升到前所未有的高度，人脉资源也成为对于每个人而言最珍贵的资源。任何时候，我们要想与人处好关系，要想获得他人的尊重与认可，就要学会宽容他人。很多时候，人与人之间的矛盾只是因为一件小小的事情引发的，进一步万丈危崖，退一步海阔天空，只有心胸开阔，我们才能与他人之间更好地相处，也彼此促进，共同成长。

人是群居动物，需要与身边的人进行交往。如果能够调整好态度，也能够更加理性地面对他人，则一定可以有的放矢地控制好自己，也避免因为各种事情而与他人之间爆发或大或小的矛盾。归根结底，人生短短几十年，如果把宝贵的人生时光都用来与他人怄气，或者是与他人之间爆发各种矛盾和冲突，则人生就浪费了。明智的人不会小肚鸡肠，看似是在和别人怄气，实际上是在和自己过不去。唯有把心胸放宽，人生才能获得更好的发展。

怀有感恩之心，与幸福常相伴

还记得陈红演唱的《感恩的心》吗？曾经打动了无数人的心。尤其是这首歌所搭配的手语表演，更是让人感到发自内心的温暖。记得第一次听到这首歌的时候，笔者还在一家保险公司参加新人培训，那时候独自漂泊在陌生的城市里，奔波在找工作的路上，每天都在为生计发愁，心情非常沮丧失落。当听到这首歌的一瞬间，当亲自站起来与大家一起合唱这首歌一起学习手语表达时，眼泪就盈满眼眶，忍不住要掉下来。活着原本就很艰难，要活好，就显得更难。在这个世界上，没有几个人活得很轻松，要想活出自己的精彩，绽放自己的人生，就一定要更加努力，也要不遗余力去争取。然而即便如此，也未必总是能够实现自己的人生理想，常常会感到无力而又疲惫。在这种情况下，就一定要怀有感恩之心，才能在遗憾之余感到知足，才能在沮丧之余继续振奋精神，鼓起勇气去前进。

记住，人生是需要感恩之心的。感恩阳光和雨露，感恩清风和明月，我们才能真正感受到生命的美好。生命之于人，就像空气之于人一样，在拥有的时候总觉得很平常，似乎没有什么可珍惜的，但是一旦失去，哪怕片刻也是不可以的。作为人，要有着生存的顽强意志力，这样才能全力以赴做好该做的事情，才能真正让人生绽放出异样的神采。现实生活中，有太多的人都不知道感恩，他们或者抱怨命运不公平，或者对别人羡慕嫉妒恨，却唯独忘记了要想拥有更加充实精彩的人生，就要在成长的道路上不断地努力进取，才能配得上生命的回报和馈赠。

遗憾的是，在现实生活中，有太多的人都不知道感恩，甚至对于自己的父母都丝毫不感恩。不得不说，这样的人完全背弃了人伦孝道，是不配为人的。父母给了我们生命，我们最应该感恩的就是父母。古诗云，谁言寸草心，报得三春晖。作为子女，一定要对父母有所回报。在人际相处的过程中，对于那些真诚帮助我们的人，也应该滴水之恩，涌泉相报，这样才能在人际交往中主动付出，也赢得更好的发展空间。

人心，是这个世界上最变幻莫测的，人与人之间的关系也是最难以把握和掌控的。要想建立和维护良好的人际关系，我们与他人之间就一定要真诚相对，彼此尊重、相互理解，这样才能真正做到宽容。在美国，感恩节是个备受重视的节日，在这个节日，人们感恩自己拥有的一切，也感恩生命的存在，甚至感恩身边那些陌生的人。感恩节的存在，让人们在熙熙攘攘、忙忙碌碌的生活之余，能够静下心来去认真地思考很多事情，也能够全力以赴把该做的事情做好。

在很久以前，因为天灾很多，所以庄稼的收成很不好，很多人都忍饥挨饿。为此，有个善良的面包师每天都会在傍晚时分，带着当天没有卖出去的面包来到广场上，把面包分给那些饥饿的孩子吃。每当面包师到来的时候，孩子们都会一拥而上，互相争抢，想要得到最大的面包。拿到让自己满意的面包之后，他们就会一哄而散，连“谢谢面包师”都忘记说了。

在这些孩子中间，有个柔弱的小女孩与众不同。她不争也不抢，等到其他孩子拿着面包走开了，她才走到面包师面前，拿起篮子里所剩的那个最小的面包，然后对面包师深深地鞠躬，说一声“谢谢”。看着小女孩拿着面包离去的背影，面包师知道小女孩舍不得吃掉整个的面包，而是把面包拿回家与家人分享。有一天，小女孩和往常一样拿到面包，这个面包看起来特别小，比其他面包小多了。但是她没有抱怨，而是一如既往地虔诚，对面包师鞠躬，然后感谢面包师。回到家里，小女孩把面包交给妈妈，妈妈把面包切开，却发现面包里有好几个金币。妈妈当即让女孩把这些金币送还给面包师，小女孩气喘吁吁地跑到面包师家里，把金币交给面包师，面包师却说：“孩子，这些金币是送给你们渡过难关的。”小女孩对着面包师连声感谢，接连鞠躬。最终，小女孩带着金币回到家里，全家人都高兴不已。

面包师为何愿意特别帮助小女孩呢？是因为小女孩的感恩之心感动了他。其他孩子只顾着抢夺最大的面包，却从未有人想过面包是从哪里来的。小女孩则不然，她始终都记得真心感谢面包师，也从不抱怨自己拿到的面包是最小的。而且在拿到面包之后，小女孩从来不像其他孩子一样把面包吃掉，而是拿着面包回到家里，和家人一起分享。正因为如此，面包师才被小女孩感动，也才愿意慷慨地帮助小女孩和家人。

有感恩之心的人，还很愿意帮助他人。他们会利用感恩之心感谢这个世界，也会利用感恩之心影响身边的人。正因为如此，他们不但会得到这个世界的善待，也会以善良友好的心对待和影响这个世界。如果每个人都懂得感恩，那么这个世界上将会充满爱，也将会变成美好的人间。

严于律己，宽以待人

常言道，严于律己，宽以待人。实际上，很多人都把这句话颠倒了，那就是对待自己非常宽容，而对待别人却很严苛。不得不说，这样的宽容对待自己，严苛对待他人，非但不利于人际关系的发展，反而会导致人际关系陷入被动的状态之中，变得越来越紧张和恶劣。

每个人都生活在人群之中，在这个熙熙攘攘的世界里，能否与身边的人处理好关系，是会关系到人生幸福的。因此要想更好地生存，拥有良好的人生体验，我们就要更加宽容对待周围的世界，也要减少责备和挑剔他人的次数。其实，改变他人是很难的，如果我们总是肆无忌惮把对他人的不满说出来，非但不利于解决问题，反而会导致问题变得越来越糟糕。那么我们就要调整好态度，更加拼尽全力去做好自己该做的事情，才能使得事情有所改观，也才能让事情朝着我们预期的方向发展。

对于每个人而言，最重要的能力是什么？不是战胜困难，也不是向全世界宣战，而是能够从容地面对自己，能够真正地主宰自己。有的时候，控制好自己才能合理提升自己的能力，也才能在面对人生的过程中不断地完善自己。记住，只有当自己强大起来，才会拥有更加伟大的力量，在人生的历程中不断地崛起、持续地进步。

孟子说过，爱人者，人恒爱之；敬人者，人恒敬之。这就告诉我们，一个人必须先爱护和尊重他人，才能得到他人的爱护和尊重。反之，一个人如果总是挑剔和苛责他人，那么从他人那里得到的也必然是挑剔和苛责。所以说，每个人都要学会控制和主宰自己，才能经营好人际关系，也才能得到他人的尊重和友好对待。

宽容他人，实际上就是宽宥自己。要想宽容对待他人，严格要求自己，我们就要学会设身处地为他人着想，这样才能站在他人的立场上理解他人的苦衷和所思所想，也才能真正帮助他人赢得更好的成长。如果总是对于他人怨声载道，那么就会变成孤家寡人，还有什么朋友可言呢？还要学会换位思考，这样才能把自己与他人颠倒个个儿，也才能与他人之间从容地相处、友好地交往。

从人际相处的角度而言，真正做到“严于律己，宽以待人”，远远没有说起来那么简单容易。因为人总是习惯性地从自身的角度出发看待问题，而很少能够做到客观公正。一旦觉得事情不满意，人们就会怨声载道，也会因为各种事情而变得焦虑不安。要想避免这样的情况出现，就要做到以责人之心责己，以恕己之心恕人。总而言之，退一步开阔天空，既然人与人是完全不同的生命个体，彼此之间发生矛盾和争执也就在所难免，必须学会相处和协调的方法，才能卓有成效地解决问题。

民间有句俗话，叫作以德报怨。就是说人与人之间应该彼此宽容和理解，才能在面对仇人时，更加宽容，怀着和解的态度对待他人。当然，不但不去嫉妒和仇恨他人，还会更加理解和宽容他人，并且主动地帮助和成全他人，这是宽容的至高境界。这样一来，自然能够做到化干戈为玉帛，也就能够做到彼此尊重、相互成全。

淡然面对，顺势而为

人生中的烦恼到底从何而来呢？有人说，烦恼来自贪念，有人说，烦恼来自欲望，有人说，烦恼来自各种焦虑。实际上，所有的烦恼都是因为不如意引起的，正因为如此，人们才在祝福他人的时候说“万事如意”。的确，“万事如意”尽管只有简单的四个字，却可以达到对人生的十足满意，因为如果一个人在人生中遇到的每一件事情都顺心如意，他当然不会有烦恼，也会在人生之中拥有更多的收获，达到理想的目标。遗憾的是，尽管大多数人都喜欢把万事如意挂在嘴，实际上万事如意是根本不可能实现的。常言道，人生不如意十之八九，也就告诉我们人生之中会有很多不如意的事情发生，而不如意恰恰是人生的常态。既然如此，作为普通人要想收获幸福快乐，就要学会坦然面对人生的不如意，也要学会在人生的道路上顺势而为，获得成长和发展，而不要总是与人生别扭着，导致人生如同拧麻花一样，始终不能把眉头舒展开来。

很多人总是抱怨命运不公，实际上这个世界上真正的公平根本不存在。所谓公平与否，只存在于人们的心中，当一个人的内心安然，就会觉得不公平也是公平；当一个人的内心不安，那么即使公平也会变成不公平。有人说，心若改变，世界也随之改变。实际上，心若改变，人生的确会随之改变。任何时候，都不要盲目地迷信命运，更不要把自己的希望寄托在命运之上。唯有更加全力以赴奔向人生的美好，才值得得到命运的馈赠。

佛祖说，人生有两苦，一个是得不到自己所追求的，二是已经得到了自己所追求的。实际上，在得不到与得到之间，正是人们患得患失的心态。有的时候，失去就是得到；有的时候，得到就是失去。得失之间并没有华丽丽的转身，而很有可能就在一念之间。每个人要想获得内心的安静平和，就要看淡得失，保持真心。要想获得自由的人生，就必须抛开得失，一切随缘。所谓得失，与其说是得到与失去，不如说是人生的心态转化。

很久以前，有个年轻人靠着打柴为生，生活特别贫苦。他很勤奋，每天日出而作、日落而息，花费了很长时间的努力，才终于建造起自己的一间房子。然而，年轻人才乔迁新居没多久，房子就着火了。这个时候，年轻人正在山上打柴，等到他急急忙忙赶回家的时候，邻居们虽然七手八脚地帮忙救火，房子却还是被烧成了废墟。邻居们看着年轻人失神落魄的样子，都想安慰年轻人，突然看到年轻人捡起一根木棍在废墟里寻找。邻居们不知道年轻人想做什么，一直看着年轻人。年轻人找出来一把斧头，高兴地说："还好还好，我最锋利的这把斧头还在，我一定还能再盖一间新房子。"

年轻人很积极，面对才建造不久的房子瞬间变成废墟，他没有懊恼，而是当即找到自己最锋利的那把斧头，也相信自己只要继续努力地砍柴，总还是可以建造出一间新房子的。正所谓留得青山在，不怕没柴烧，只要积极主动地成长起来，就可以全力以赴做好该做的事情，也可以有的放矢把事情做好。

在人生的每一个阶段，人们都会产生各种各样的烦恼。一味地因为烦恼而迷失自己的本心，导致自己在人生的路上走很多弯路，这无疑是得不偿失的。最重要的在于，一定要激励自己的心，才能全力以赴获得人生的力量，才能真正把生活过得充实而又精彩。人生固然要有上进心，更要有平常心。只有以平常心为人生的基调，在此基础上拼尽全力去努力，我们才能在人生中绽放，才能活出别样的精彩和与众不同的人生。

缘分强求不来，要会随遇而安

现实生活中，人们总是习惯于把无法解释的事情归结于缘，实际上，“缘”是一个很玄妙的字眼，带着几分的神秘和天命不可违抗的意味。在这样的情况下，一味地强调随缘，实际上也有逃避的意味，而真正的缘分又是什么呢？很多人在缘分没有得到的时候，常常会感到遗憾，以无缘作为总结，在有缘分的时候，又总是满怀欣喜，因而以有缘作为安慰。尤其是在感情的道路上，很多痴情的男女更是会以缘分来解释彼此间的缘起缘灭，似乎世界上如果没有“缘分”二字，一定会黯然失色。

作为普通人，要想拥有缘分，一定要更加珍惜人与人之间相识的机会和相遇的美好。当然，所谓随缘，并非是指被动地接受缘分的安排。人固然要随缘，而在缘分犹豫不定的时候，也要努力地把握缘分，才能做到无怨无悔。有些人生性怯懦，在面对缘分的时候，总是等着缘分从天而降，却很少主动去争取。不得不说，这样的缘分是不会降临的。除了在感情方面以外，人生中的很多事情都是有缘分存在的。最重要的就在于，我们要更加把握好缘分，才能做到无怨无悔，没有遗憾。

有人说要随遇而安，有人则说要去努力在人生之中争取到更好的结果，这看起来是相互矛盾的。实际上，这两者之间并不矛盾。首先，每个人对待人生的态度都要更加积极主动，也要全力以赴。其次，每个人在人生成长的道路上，如果不能达到自己的目的，也要顺势而为，随遇而安。只有在该争取的时候争取，在该放弃的时候放弃，人生才能有更好的结局。

现实是非常残酷的，人人都渴望出人头地，却不知道人生真正的出路在哪里。实际上，如果心中有路，人生处处都会有出路，如果心中没有路，人生就不会有出路。对于每一个人而言，只有不断地努力进取，人生才有更多的可能性。也只有坚持不懈地往前，人生才会更加接近于成功。当然，人生的格局很大程度上影响了人生的成长和发展，任何时候，我们都要更加努力进取，人生才能获得成功。当然，前提是要有着开阔的胸襟和灵活的思想，这样才能在成长的道路上坚持前进，也才能守得云开见月明，柳暗花明又一村。

摆脱执念，才能从容

《道德经》中记载，人法地，地法天，天法道，道法自然。这句话告诉我们，这个世界上的万事万物都在发展变化之中，只有顺应自然才是一切的从容之道。如果总是与自然相违背，总是想要与人生较劲，也许获得了成长，却总是与人生背道而驰，也导致人生没有好的结果和值得憧憬的未来。

现代社会中，有太多人都会陷入被动的局面之中，都会迷失自己的本心。实际上，当陷入固执的念头中，人生就像进入死胡同，根本没有地方可以遁逃，也常常会觉得陷入绝境，把自己困顿住。所以我们一定要更加积极主动地面对人生，也要全力以赴地做好人生中该做的事情，这样才能更加在人生的道路上坚定不移、勇往直前。还有的时候，固有的经验和陈旧的思维也会禁锢和限制我们，导致我们在人生之中陷入困境。那么，还要学会打破思维的铜墙铁壁，这样才能形成发散性思维，推陈出新，也才能在思考问题的时候找到更好的解决办法，从而让人生拥有更多的进步空间。

现代社会，尤其是在大都市中，生活的节奏越来越快，竞争的压力越来越大，尤其是在职场上，更是要求每个人做到终身学习，才能在成长过程中有更好的发展。然而，即便如此，我们一边要非常努力进取，一边也要学会随遇而安，顺势而为。所谓有多大的能力用多大的力气，有多少钱干多少事情，任何时候，都不要过于强求，而是要做到尽人力、知天命，从而才能更加勇往直前。

这段时间，赵刚正在考虑买房子的事情。为此，父亲拿出了大半生的积蓄，给赵刚当首付。然而，在去看了一段时间房子之后，赵刚发现父亲为他准备的首付根本不够，大多数房子都要至少50万元首付，但是他们却只有30万元。为此，父亲对赵刚说："先别看了，有多少钱办多大的事情。"但是，赵刚真的很想买房，尤其是他身边的同龄人中很多人都买房了，为此赵刚非常沮丧。

父亲对赵刚说："赵刚，人生之中每个人都有很多的欲望，要想获得成长，就要学会接受。我们暂且没有那么大的能力，就要非常辛苦地去努力，这样才能提升自身的能力，也才能把每一件事情做得更好。如果人生中常常陷入各种困境，就会导致在成长过程中变得沮丧。你要学会放下，将来才能拿得起。"在父亲的一番安慰下，赵刚放下执念，开始努力地学习，最终，赵刚不但把工作做得风生水起，而且还获得了更高的薪水。他很快攒够了钱，不但付了首付买了房子，还结交了一个非常漂亮有气质的女朋友呢！

人生就像是一出戏，不过这出戏没有彩排的机会，每个人都在出演的过程中扮演着自己。遗憾的是，很多人不能接受自己，也不愿意接受人生的局面，最终导致在生活中非常被动和悲哀，也常常会陷入各种无端的忧愁和恐惧之中。其实，只有真正悦纳自己的人，才能迸发生命的力量，也才能全力以赴走好属于自己的人生之路。

活在这个世界上，我们固然要努力去争取很多事情，也全力以赴地奔向成功，但是更要保持一颗平常心，才能避免对于很多事情不接受，也才能避免在人生中的很多关键时刻因为较真而失去发展的机会。任何时候，都不要以成败论英雄，更是要全力以赴人生的目的地，这样才能不忘初心，砥砺前行，也才能在人生之中有更好的成长和发展。

第9章

突破思维的桎梏，拓展格局维度

人们常说要打破思维的墙，乍一听起来，难免会感到纳闷：思维是无形的，哪里来的墙呢？的确，正因为思维是无形的，所谓思维的墙才更加难以打破。和拆除有形的墙相比，无形的墙看不到、摸不着，要想打破难度成倍增长。尤其是在经验的束缚下，人们更是会情不自禁地因循守旧，因而很难有所创新。然而，思维不管是对于个人还是企业而言，都是决定出路的关键因素，所以要想成功就一定要打破思维的墙，这样才能坚定不移地勇往直前，才能给予人生更多的可能性。

避免自我设限，才能无畏腾飞

曾经，对于跑步运动，人们都有一个局限，即认为人在4分钟内跑完1.6千米已经是极限，不可能再快，否则就会严重损伤人的身体健康，为此在很长一段时间里，不管是多么优秀的运动员，都在训练的时候把这个极限作为提升的目标，而故步自封在这个安全限度内。直到有一天，一个叫班尼斯特的运动员偏偏不信邪，他虽然也把4分钟跑完1.6千米作为训练的目标，但是却始终都在努力提升训练的强度，从而让自己突破这个目标。有一天，有风，风速大约在每小时15英里，班尼斯特就这样顶着跑完了1.6千米，而他所用的时间只有3分59秒4。不得不说，班尼斯特超越了人类的极限。实际上，他并非在跑步方面有着过人的天赋，也并非有着出类拔萃的体能，而是因为他敢于突破和超越。

在班尼斯特的带头作用下，后来有更多的运动员打破了这个极限，而且不断地刷新着跑步的最快速度。现实生活中，很多人都有强烈的从众心理，即他们始终觉得自己的能力是有限的，也因此而不敢超越和突破自己。这样的思维界限，对于人的行动能力有很大的影响。所以在行动之前，我们要想取得好的成绩，就要努力打破思维的界限，也突破经验的束缚和禁锢。

现实生活中，很多人做事情都会在不知不觉之中陷入这样的怪圈，即在还没有全力以赴做一件事情之前，就判断自己肯定不能完成，也认为自己不会有任何进步。正是因为如此，结果才会真的不如人意，也才会没有创新性和突破。不得不说，大多数人都生活在框架里，而自己却丝毫不自知。这是非常可怕的。因为这就像是一个人犯了错误，如果不知道自己犯了错误，他们就无法改正错误。只有明确认识到自己在犯错误，他们才能有的放矢地反省自己，改正错误。

曾经有个年轻人很贫穷，后来通过不懈的努力成了大富翁。在生命即将走到终点的时候，大富翁留下了一个谜语，并且宣布谁能猜中这个谜底，就可以获得100万美元的馈赠。100万美元啊，消息在报纸上一经公布，各种猜谜语的信件如同雪片一样到来。最终，在公证处、律师等人的见证下，富翁的谜底公布了。谜题是：穷人比富人少了什么？答案千奇百怪，有人说少了金钱，有人说少了权势，有人说少了机会，有人说少了运气。在众多的来信中，只有一个小女孩猜中了答案，那就是野心。有记者问小女孩："你是怎么想到野心这个答案的？"小女孩高兴地说："我的姐姐比我大，她经常带男朋友回家里。每当我看着他们的时候，姐姐就会恶狠狠地告诉我'千万不要有野心'，所以我就觉得野心是一个很可怕的东西。"就这样，小女孩获得了100万美元，相信她的人生也会因此变得富有野心。

很多人的生活都太按部就班了，最终导致看着机会就在眼前，却没有意识到自己应该努力地去抓住机会，就这样与机会失之交臂。很多时候，人生都是需要机会才能事半功倍地获得成功。在日常生活中，我们更是要时刻做好准备，这样才能在千载难逢的好机会降临时，毫不迟疑地、当机立断地抓住机会，彻底地改变自己的命运，主宰自己的人生。

人是有惰性的，而且趋利避害，常常感到害怕。大多数人都只愿意做自己熟悉的事情，而对于自己不熟悉、没把握或者很陌生的事情，他们常常会消极对待。在这种情况下，机会也悄然流逝，一去不返。要知道，在这个世界上，每个人都有权利去进行各种各样的尝试，也应该拼尽全力地开拓属于自己的人生，最重要的是不要限定自己。只有突破人生的上限，也让自己全力以赴去做好每一件事情，人生才会有奇迹，未来才会有希望。

全面看待问题，避免幸存者偏差

很多时候，人只能看到自己想看到的一切，这是因为人有强烈的主观意识，在做很多事情的时候，都会情不自禁地从主观角度出发思考和考察问题，也会更加强烈地想要满足自身的欲望和需求。殊不知，这样的主观使得人们无法客观公正地看待问题，也常常会在思考问题的时候陷入各种被动的局面之中，无法自拔，甚至让自己困顿不安，也失去对于人生的主动把握和掌控。

这样的现象折射到心理学中，有一个专门的心理学名词，叫作幸存者偏差。幸存者偏差的意思是，人们总是在主观意识的影响下无形中就筛选出自己想看到的信息，这样一来就不知不觉间忽略了那些看不到的信息，使其成为视野的盲区。这样的误解直接导致的结果就是，人们忽略了那些至关重要的信息，而做出想当然的判断。

在第二次世界大战期间，有一个国家的工程师研究那些奔赴战场之后又飞回来的战机，发现这些战机上机翼中弹的概率很高，为此大多数飞机都是机翼受损。原本，工程师想要加固飞机的机翼，但是却有一个人提出了不同的意见，那就是要加固飞机的尾部。这是为什么呢？原来，那些机翼受损的飞机全都成功地返航，而那些机尾中弹的飞机却全都没有回来。为此，幸存者偏差心理使得人们更多地关注机翼中弹返航的飞机，而忽略了机尾中弹没有成功返航的飞机，使其成为视野的盲区。在日常生活中，这样的现象并不罕见，最糟糕的是很多人无形中就犯了这样的错误。

人，只能看到自己想看到的世界，换而言之，一个人心中有什么，就能看到什么。举个最简单的例子，在每个家庭里，父母对于孩子的教育都是不同的。那些对于孩子的教育全然不懂的父母，无知者无畏，觉得对孩子应该尽到的责任就是满足孩子的吃喝拉撒。相比之下，一个懂得如何教育孩子的父母，反而更加战战兢兢、如履薄冰，是因为他们知道教育孩子绝非简单易行的事情。

民间有句俗话，叫三天学医，走遍天下，三年学医，寸步难行。实际上也是在形容学医短暂的人觉得自己什么都懂得，是因为他们心中没有危机存在，而学医时间长的人却觉得自己什么都不懂，因而在做事情的时候总是有更多的焦虑，也总是感受到危险的存在。这正应了那句俗话，无知者无畏。

在现实生活中，我们要尽量打开思维的局限，从而更加全面地看待问题。很多时候，人们总是只能看到自己感兴趣的东西，这也是为什么一千个人眼中就有一千个哈姆雷特的原因。当我们可以尽量全面地看待问题，也能够深入理性地分析问题，我们的人生就会有更好的发展和成长，也会变得更加全面和理性。其实，对于信息的筛选和屏蔽，也不仅仅是由视角决定的。美国有一位大名鼎鼎的神经生理学家，曾经专门研究过人的神经。他发现，在人的脑部活动中，那些因为感觉刺激导致的神经活动，在经过一段时间之后，就会消失在大脑皮层中。实际上，这是从心理角度来屏蔽信息，而留下来的那些信息则是大脑更愿意接受和处理的，也就在我们心中折射的外部世界。所谓仁者见仁，智者见智，就是这个道理。我们以为其他生命眼中的世界和我们自己看到的世界是相同的，实际上并非如此。每个人对于外部世界都有自己的理解，为此外部世界在不同人心中的折射也是不同的，正是这个道理。

在追求成功的道路上，每个人都趋之若鹜，然而，若我们心中的世界非常狭窄，也许根本容不下成功。只有拥有大格局，只有在人生的道路上打开局面，我们才能扩大自己心中的世界，也真正让人生变得天高地远，大有作为。

你想被命运主宰，还是想成为命运的主宰

在封建社会，为了实现对于人民的统治，封建贵族阶层提出了命运的说法，让人民相信皇帝是上天派来统治万民的人，也让人民对于封建权利阶层表现出绝对的顺从，而打消抗争的念头。这样的思想延续时间太长，以至于虽然如今已经到了崭新的时代，也依然有人会受到封建思想宿命论的影响，把很多人力不可抵抗的事情都归结为命运。这样一来，很多事情就都有了圆满的解释，人们也终于可以自欺欺人，继续按部就班地生活下去。殊不知，命是一个无法打破的圆，可以解释现实生活中各种无奈的现象和事情，为此，命的学说也就是不成立的，因为它毫无瑕疵。

一个人如果总是迷信命运，把很多事情都归结于命运的主宰，则他们就会随波逐流，失去对于很多事情抗争的欲望。只有不信命，相信自己是命运的主人，也努力地成为命运的主宰，才能真正地掌控人生。记住，人的命运从来不是由天意决定的，每个人都要勇敢地与命运抗争，才能在关键时刻展现出自身的力

量，也才能让自己成为真正的人生强者。

其实，不仅中国有命运的说法，在西方国家，也有很多心理学家曾经研究过命运。为了证明命运真的存在，他们进行了各种各样的实验。在英国，心理学家汉斯艾森克曾经针对星座学说进行过调查，在意识到把那些信奉星座的人作为研究对象太过局限之后，他又找了很多不了解星座的人进行了解，最终发现那些人的性格特征与他们的星座表现出来的性格特征完全不同。由此可见，对于命运，信与不信是关键。

张奶奶70多岁的时候曾经算过一次命，算命的说她只能活到83岁，为此，到了83岁这一年，张奶奶整天念叨着自己没有活路了，原本硬朗的身体也变得越来越差，到最后居然只能躺在床上哼哼。看到张奶奶的身体情况这么糟糕，儿子赶紧找来医生给张奶奶诊治，没想到医生在给张奶奶做了全面检查之后，发现张奶奶根本没有任何毛病。那么，张奶奶为何看着就像要不行了呢？

全家人都为张奶奶的病发愁，有一天，孙子突然想起来张奶奶算命的事情，于是又找了一个算命的来，还和算命的串通好，让算命的人亲口告诉张奶奶她一定能活到100岁。张奶奶听到算命的把家里的情况都说得很对，便对自己能活100岁深信不疑。渐渐地，张奶奶的身体越来越好，居然又恢复了生机和活力。

张奶奶的表现是典型的相信宿命。就因为算命的曾经说张奶奶只能活到83岁，为此她到了83岁就认为自己大限将至，对于自己的人生失去了信心和希望。而后来，孙子找到一个算命的又来给张奶奶算命，这才打消了张奶奶的负面想法，让张奶奶相信自己可以活到100岁。正是这样的行为，让张奶奶对于生命充满了信心，所以也再次获得生机。

作为年轻人，人生一定要有大格局，而不要局限于对宿命论的迷信之中。任何时候，只有不相信命，我们才能真正主宰命运，也只要打破命运的局限，我们才能成为人生的掌控者。要知道，人生是充满奇迹的，凡事皆有可能，只有不断地突破和超越自我，我们才能真正地成长起来，也才能全力以赴做好该做的事情。最终，我们会拥有充实精彩的人生，也会在生命的历程中更加精彩地绽放自己。

无忧无惧，才能收获更多

墨菲定律告诉我们，一个人越是害怕什么，越是会导致什么事情发生，这正是人们常说的怕什么来什么。在生命之中，我们要想坦荡地活着，就要内心从容，而不要总是畏惧。人生之中令人畏惧的东西太多，如果一直都把自己禁锢在恐惧之中，这当然是非常糟糕的。只有把格局放大，才能做到果断取舍，也才能因为无所畏惧，而获得更多的收获。

现实生活中，细心的人都会有这样的感受，即越是害怕损失，损失偏偏很大。在这种情况下，必须当机立断，才能减少损失，否则，拖延的时间越长，损失也就越多。还记得王宝强和徐峥合演的《人在囧途》吗？在观看影片的过程中，你是否有一瞬间觉得人生真的冥冥之中自有安排，很多事情是躲都躲不过的。其实，这都是人对于接连倒霉的一种错觉而已。

从心理学的角度而言，一个人越是斤斤计较，越是不得不面对很多的损失。相反，当一个人不去计较蝇头小利的时候，这样的损失也不复存在。现实生活中，因为害怕而遭遇损失的人比比皆是，如业务员因为害怕不能顺利签约大单子，所以放弃争取大单子；那些考研的人因为害怕自己考不上研究生，最终放弃考研的机会参加工作；暗恋女孩的男生因为害怕被拒绝，甚至害怕在被拒绝之后，与女孩连朋友也做不成了，为此他们不敢去表白……殊不知，这样的害怕都是人因为缺乏自信而将事情设想到糟糕的结果，如果说成功只占50%的可能性，那么失败也只占50%的可能性，这样想来，成功与失败之间有什么可比的呢？你可以容忍失去成功的50%可能性，却不能承担失败50%的可能性。其实，哪怕失去成功50%的可能性，也可以从失败中汲取经验和教训。

对于一个因为害怕而止步不前反而损失更多的人而言，不如努力勇敢地去做，这样反而能够更加坚定不移、勇往直前，哪怕失败了，也可以获取经验和教训，为下一次争取成功奠定基础，这是比止步不前更好的。

记住，害怕不能成为人生止步不前的理由，尤其是在如今瞬息万变的时代里，每个人都要全力以赴去拼搏和努力，才能把哪怕万分之一的可能变成现实。社会的竞争就是如此残酷和激烈，一定要全力以赴、勇敢向前，才能最大限度地激发出生命的潜能，也才能更加大步流星地向前。

当你感到恐惧的时候，不如先问问自己：失败一定会发生吗？如果失败，我会失去什么？如果结果是你可以承受的，何不给自己更多的可能和成长的机会呢?！否则，人生如同逆水行舟，不进则退，在整个时代都在飞速发展的今天，哪怕你仅仅是停留在原地，也意味着退步，也意味着失去了各种机会。为此，从现在开始，就努力勇敢、当机立断地展开行动吧，要相信人生一定不会辜负你的每一次尝试和破釜沉舟的付出！

记住，你不为任何人工作

在如今的职场上，很多年轻人都陷入一个误区，即他们认为自己之所以努力辛苦地工作，只是为了赚取微薄的薪水，而自己在工作上的一切付出和成就，只是为了成全老板而已。不得不说，这样的想法是完全错误的。当一个人只把工作当成工作或者是养家糊口的工具，那么他们必然会在工作中变得落后，也根本无法做到全力以赴在工作中拼搏进取。相反，当一个人把工作当成事业来对待，也总是在工作的过程中更加全力以赴去争取和拼搏，则渐渐地他们就会在工作上有更好的表现，也有更加出色的成就。

人在职场，总是希望自己能够成为“白骨精”、业务骨干、呼风唤雨的人，却不知道没有人生而就很擅长混职场，每个人在职场上风光无限的表现都是在成长过程中不断地积累才获得的。任何时候我们都要牢记一个原则，那就是除了自己，我们不为任何人工作。既然如此，我们还能把工作看成成就老板的事业吗？只有端正对于工作的态度，我们才能跳出工作的怪圈，也才能从容地做好工作中该做的事情，让自己有更加充实美好的未来。

大学毕业后，刘云进入一家小公司工作，这家小公司才成立没多久，规模也比较小，除了老板之外，只有十几个员工。其实，刘云的想法很单纯，那就是和公司共同成长，说不定公司将来发展得好，她还能成为元老级人物呢！然而，刘云发现事实并不如想象中那么美好。因为公司的各种规章制度不完善，所以公司里的大多数人都是老板在的时候一个样子，老板不在的时候一个样子，似乎他们做的每一件事情都是为了在老板面前表现，也是为了获得老板的认可和赏识。

工作了一段时间之后，刘云觉得在工作上很懈怠，工作的氛围也不利于个人发展，为此就跳槽到一家规模比较大的公司。这家公司里规整制度很完善，而且能够以良好地贯彻执行。在这里，刘云才工作了几天，就认定自己跳槽的决定是正确的。原来，这里的每个人都非常努力，不管领导是否在身边，他们都能做好自己该做的事情，也从来不懈怠。因为每个人都把工作看成自己的事情，甚至还有的同事在有余力的情况下，会主动承担更多的工作任务，美其名曰锻炼自己。这样良好的工作氛围也感染了刘云，刘云干劲十足，每天都像打了鸡血一样奔赴公司，开始一天辛苦的忙碌。在这里，刘云不但得到了薪水作为报酬，更重要的是积累了很多宝贵的工作经验，因而在工作上有了更大的进步和更好的发展。

毫无疑问的是，一个人首先要养活自己，才能更好地生存和成长，为此在工作中获得薪水和报酬是很有必要的。然而，对于工作而言，薪水却不是唯一的回报，尤其是对于年轻人来说，更要努力地在工作的过程中获得成长，才能不断地提升和完善自己，也才能从容地创造属于自己的人生。古人云，少壮不努力，老大徒伤悲。如果年轻人不能在成长的过程中始终坚定态度，积极成长，那么将来有一天老去，就会非常懊丧，但是这个世界上却没有卖后悔药的。

如果说人生就像甘蔗没有两头甜，那么作为年轻人一定要苦在前面，这样才能为年老的生活奠定坚实的基础，创造良好的条件。否则，等到时光流逝，白发苍苍，只能徒劳后悔，却无法逆转人生。人在职场，一定要端正心态，知道自己为谁而工作，知道自己努力奋斗和不断发展的目的是什么，这样才能不忘初心，方得始终。记住，员工和老板永远是一条绳子上的蚂蚱，如果你现在是员工，那么就要怀着做事业的心态去面对工作。如果有朝一日你成为老板，就要想一想自己当员工的时代，让员工主动把工作当成事业。这样的人生，才会有更加理想的未来可期待和憧憬！

不做应声虫，坚持自己的声音

玛雅人预言2003年，世界末日就到了。然而，2003年安安无恙地度过了，玛雅人也预言2012年，将会有行星撞击地球，为此2012会成为世界毁灭日。因为这个预言，《2012》的末日电影也拍摄出来，看到了影片中那么恐怖的世界末日景象，起初对预言不以为然的人也感到越来越恐慌。甚至，有些人还为了应对世界末日即将到来做出了很多让人笑话的事情呢！

不得不说，这样的人云亦云是很恐怖的。在古代，人们就曾经提出三人成虎的说法，意思是说如果一个人说街道上有老虎，人们也许不会相信；如果有两个人说街道上有老虎，人们也许还不会相信。但是当三个人都说街道上有老虎的时候，人们不得不相信。就这样，三人成虎。在西方国家也有一个类似的笑话。据说一个人通过开采石油而成为大富翁。死后，他进入了天堂。有一天，天堂里要召开石油会议，特意聘请他作为专家为大家讲解关于石油的事情。但是他姗姗来迟，会议室里已经坐满了人，根本没有他的位置。为此，他突然恶作剧地喊道：“你们都坐在这里干什么，听说地狱里发现了大量石油！”他的话音刚落，人们全都夺门而出跑向地狱。他找了个好位置坐下来，想要等人来开会，但是大家在经过会议室的时候都在议论纷纷：“地狱里开采出来石油了，赶紧去，去晚了就没有了。”大富翁也心里嘀咕：难道地狱里真的有石油了吗？那我还坐在这里干什么？这么想着，他也赶紧朝着地狱跑去。

不得不说，这个大富翁原本是第一个散布谣言的人，但是在强烈的从众心理影响下，他也失去了淡定，甚至自己把自己都给欺骗了。不得不说，从众心理的力量是很强大的，也会对人产生极大的影响和诱导。实际上，每个人都要有自己的主见，才能坚持自己的想法，也才能避免盲目地跟着别人去做很多事情。

尤其是在人际相处中，一个人如果总是失去自己的内心，而盲目地跟随别人的脚步，人生就会变得没有目标。任何时候，要想在这个瞬息万变的时代不迷失自我，我们就要坚守内心，才能以不变应万变，才能保持内心的笃定和从容。

其实，从众思想是很可怕的，它会使人失去内心的笃定和主见，变得人云亦云，也会蒙蔽人的眼睛和心灵。古今中外，大凡能够获得成功者，无一不是有思想、有主见的人。西方国家有句俗话，真理常常掌握在少数人手里。所以我们要勇敢地当那个第一个吃螃蟹的人，也要勇敢地进行创新思维，标新立异，这样才能找到属于自己的光环和独特之处。作为举世闻名的股神，巴菲特就是一个总是逆势而动的人，他从来不会盲目跟风，而是笃定地做着自己的事情，所以才会获得成功。

记住，任何想法如果是你的首创，就是难能可贵的。如果你在人云亦云，那么再好的想法也会变得平淡无奇。在人生的道路上行走，只有真正有勇有谋的人才能不断地成长，也才能在标新立异、特立独行的过程中活出独属于自己的精彩和辉煌。

第10章

提升格局，需要你先提升自身内涵

一个人要想提升人生的格局，就要先提升自身的内涵，只有让自己不断成长和完善，才能让自己站得更高、看得更远，也才能让自己在人生的道路上不忘初心，砥砺前行。当然，提升自身的格局与内涵，需要关注到很多方面的因素，在这个时代，最重要的就是以知识充实自己，让自己的未来拥有更加开阔的道路。

真正的富有是学识渊博，而不是家财万贯

现代社会，很多人都会把金钱和权势放在第一位，觉得要想拥有更好的发展和成长，就必须有权有钱。其实不然。相比权势和金钱，对于一个人而言，更大的充实在于学识。家财万贯，也比不上满腹经纶。一个人只有学识渊博，才能在成长的道路上不断地努力进取，从容地兵来将挡、水来土掩，度过人生的各种困境。

现代社会，生存的压力越来越大，各种竞争日益激烈，任何人如果想在激烈的社会竞争中脱颖而出，要想为自己赢得一席之地，就一定要更加全力以赴努力学习，并且保持终身学习的好习惯，这样才能让自己的人生出类拔萃、卓尔不凡。尤其是在如今的时代里，知识更新的速度非常之快，让人应接不暇。如果说几十年前的大学生毕业时，大学里所学到的知识足够他们用至少十几年，那么现在的大学生在毕业的时候，在校园里所学的知识就已经尴尬地面临被淘汰。为此，如今的大学生走出校门并不意味着学习的终止，而是意味着学习的开始。明智的年轻人在离开大学校园之后，反而更加辛苦努力地学习，以期望改变自己的命运和未来。

也许会有人抱怨：生活这么辛苦，工作这么忙碌，哪里有时间去学习呢？不管什么时候，我们都要学会挤出时间来学习，也要利用零散的时间，帮助自己有的放矢地提升和成长。实际上，生活中的碎片时间非常多，只要把这些零碎的时间利用起来，整合使用，也就会创造很大的学习效应。一定要坚持终身学习的好习惯，这样才能避免书到用时方恨少的尴尬。尤其需要注意的是，如果平时不用功，哪怕临时抱佛脚也不会有好的效果。由此可见，功夫在平时，每个人都要全力以赴地学习，不遗余力地努力，才能有的放矢地成长。

对于每个人而言，学习贯穿人的一生。新生儿从呱呱坠地开始就进行学习，在漫长的人生中，不管进行到哪个阶段，每个人更是需要持续地学习，才能获得长足的成长。尤其是那些在现实生活中不断积累的经验，更是非常宝贵。所谓处处留心皆学问，只有在生活中非常用心和细致的人，才能学习到宝贵的经验，也才能通过不断地积累提升自己的人脉资源和人生阅历。

毋庸置疑，人人都有理想，我们要努力地通过实践去创造自身的价值，证明自己的能力，还要做到胜不骄、败不馁，即使在面对人生的很多困境时，也不要无奈地放弃，而是要努力地前行。任何时候，只要持之以恒，坚持进取，人生才能更加充实和有意义。记住，天上从来没有掉馅饼的好事情，更没有一蹴而就的成功，任何时候，人生都要耐下心来，脚踏实地地努力向前，才能拥有更加美妙的前景。记住，生命的历程不断地向前，人生的脚步从未停歇，只有勇敢无畏，永不止步，人生才会有更加美妙的未来。梦想再远大，也需要展开实际行动才能真正地迈出关键的一步，只有不忘初心，砥砺前行，人生才能无畏无惧，丝毫不害怕。记住，在任何时候，和财富权势相比，拥有知识和技能都是更加重要的。所谓技多不压身，又言一技在身行走天下，任何时候都不要盲目地追求金钱和权势，而是要区分清楚事情的轻重缓急，也知道事情的主次之分，这样才能有的放矢地面对未来，无所畏惧地成长。

知识是获得成功不可或缺的基础之一

人们常说，无知者无畏，难道是说没有知识的人才会非常勇敢吗？当然不是。这句话的意思是说，无知的人因为什么都不懂得，所以他们总是不知道害怕，也常常会在面对人生的各种情况时表现出莽夫之勇、无知之勇，甚至盲目地逞能。实际上，真正的勇敢是什么？真正的勇敢是明知道事情有很大的危险性，却依然能够战胜内心的恐惧勇往直前。而所谓的无知者无畏，是因为无知者根本不知道有危险的存在，所以不是真的勇敢。

既然懂的东西越多，越是让人感到害怕和危机的存在，也常常让人止步不前，那么我们又要如何做呢？难道就因此而故步自封，不敢再向前了吗？当然不是。要想战胜恐惧，就要更加努力地学习知识，以知识来充实自己，战胜内心的恐惧。正如人们常说的，真正让人恐惧的是恐惧本身，而不是外界的东西。既然如此，每个人就要努力地战胜恐惧，才能让人生有更加美好、值得期待的未来。所谓书山有路勤为径，学海无涯苦做舟。任何时候，我们都应该努力学习知识，全力以赴奔向最美好的明天，这样才能更加以知识作为武器来充实自己、武装自己。庄子曾经说过，吾生也有涯，而知也无涯。这就告诉我们学习是永无止境的，每个人都应该在学习的道路上求知若渴，才能真正地学习好，也才能在学习方面获得长足的进步。

当然，学习的能力只有少部分是天生的，大多数人在学习方面的能力，都得益于后天的培养。只有在面对学习的时候坚持不懈，遇到困难也迎难而上，并且对于知识怀着强烈的渴求，我们才能更加有的放矢地做好学习上的事情，也让人生拥有更加美好和成功的未来。

在《钢铁是怎样炼成的》中，保尔·柯察金曾经说过，人，最宝贵的是生命，对于每个人而言，生命只有一次机会。所以，我们应该更加珍惜时间用来学习，也要全力以赴做好自己该做的事情，才能更加无所畏惧地勇往直前。

很多人都喜欢看美国的教科书级电影《教父》，不得不说，《教父》的拍摄的确非常成功。然而，作为《教父》的主演——阿尔帕西诺在拍摄《教父》一举成名之后，并没有因此而去参演各种更容易功成名就的套路角色，而是坚持自己的思想和原则，选择出演《怒火山河》。《怒火山河》是一部反映现实的电影，遗憾的是，这部影片的拍摄是彻底失败的，也由此连累了阿尔帕西诺，导致他不得不重新回到戏剧舞台，在很长一段时间里都没有机会去继续参与电影制作。经历了漫长的沉寂之后，阿尔帕西诺才凭着《闻香识女人》再次在影视圈内崛起，在奥斯卡电影节中成为影帝。对于每一个人而言，成功都不会是一蹴而就的，必须更加努力奋进，才能改变各种糟糕的局面，也才能全力以赴迎接属于自己的人生。任何时候，我们只要对人生确立了方向，就要坚持自己的人生道路。尤其是在学习知识的道路上，我们更要全力以赴做好该做的事情，才能更加积极主动地面对未来，也才能真正在生命的历程中实现自身的价值。

正如一个伟人所说的，知识就是生产力，对于我们每个普通而又平凡的人而言，知识还是改变命运的工具。我们一定要以知识作为武器，才能让自己变得更加强大，这样才能全力以赴面对人生。毋庸置疑，求学的道路是非常辛苦和艰难的，这个世界上从未有一蹴而就的成功，也不可能有天上掉馅饼的好事情，每个人都要非常努力，才能奔向自己期望的人生目标。在如今的时代里，每个人的生活都与知识是密不可分的，都要非常努力争取，才能获得自己梦寐以求的结果。记住，知识不但是生产力，也是人生的动力，唯有全力以赴学习知识，才能让人生变得更加坚定充实，生机勃勃。

终身学习，才能始终出类拔萃

现代社会，知识更新的速度非常快，简直到了让人目不暇接的程度。很多父母，都会发现才上小学的孩子口中蹦出各种各样的新鲜词语，未免感慨自己真的落后了。也可以说，作为现代人，一日不学习就会被时代的洪流远远地甩下，为此也充分验证了人们所说的生活如同逆水行舟，不进则退。任何时候，我们都要终身学习，才能始终出类拔萃，才能让自己跟得上时代的潮流，也能够在更加努力之后领先于潮流。

在狭隘的学习观念中，总觉得学习是年轻人的事情，也认为学习是要在校园中进行的事情。实际上，在现代的学习观念中，学习无处不在，无时不可进行。任何时候，我们都要非常积极主动地学习，才能不断地提升和完善自己。古人云，少壮不努力，老大徒伤悲，当然，在青春年少的时候全力以赴地学习是很有必要的。然而，即使在走出校园之后，也要顺应形势去发展，坚持学习。正如大文豪鲁迅先生所说的，时间就像海绵里的水，只要愿意挤，总还是有的。所以不要抱怨没有时间学习，因为校外的学习有着和校内的学习截然不同的特点。尤其是在进入职场之后，很多年轻人也会发现，尽管此前已经学习了十几年，但还是书到用时方恨少，还必须针对职场上的需求，更加需要有的放矢地提升自己。甚至有些年轻人还觉得自己在大学期间没有好好学习是失策，也认为可以让大学生在上学两年之后先去实习，在认识到知识的宝贵之后再回到大学里继续完成学业。当然，这样的建议目前是不可行的，但是这至少说明了年轻人已经意识到学习知识的重要性，也有了主动成长的欲望和渴求。

现代社会是知识经济社会，而且信息技术高度发达，这就注定了每个人一定要努力充实自己，把学校教育延伸成终身教育，才能持续地成长，坚持进步。如今，什么都讲究可持续性发展，对于人们而言，同样要实现可持续性发展，才能获得长足的进步。简而言之，就是要活到老、学到老，才能以知识武装自己，畅行人生道路。

要想学习，除了可以进行有针对性的培训之外，还可以坚持自主学习，如读书等。正如古人所说的，授人以鱼不如授人以渔，我们关注学习的重点也应该从关注学习的内容转化为关注学习的方式方法和对学习能力的提升。当你学会捕鱼，就可以随时随地地捕鱼，永远都有鱼吃。而且，你可以不受时间地点的限制，随时都能捕鱼。所谓一技在手走遍天下都不怕。

春秋末期，晋平公人到晚年，还求知若渴。但是觉得学习起来又有些心有余而力不足，为此他特意咨询乐师：“我年逾古稀，现在学习些什么是不是有点儿晚了？”乐师说：“如果您觉得晚了，可以点燃一根蜡烛，这是不错的选择！”晋平公很生气：“作为大臣，你居然这样戏弄我？我可是你的君王，你简直胆大包天啊！”乐师赶紧解释说：“君王在上，我可不敢戏弄您。我曾经听到别人说，人们年少时候爱好学习，就像是早晨八九点钟的太阳，充满朝气；人们壮年时爱好学习，就像是如日中天的时候，光芒万丈；到了年老的时候，如果人们依然爱好学习，那么就会像是烛光，虽然光亮比较微弱，但是至少比在黑暗中摸索强得多。”听了乐师的话，晋平公恍然大悟，这才知道乐师不是在戏弄他，而是在告诉他学习的道理。

学习，什么时候开始都不晚。最重要的是，一定要非常努力进取，才能最大限度地激发人生的力量。就像乐师所说的，哪怕人到暮年学习只能像蜡烛一样发出微弱的光芒，也至少比在黑暗中摸索来得好。

在漫长的发展历程中，人类有着丰富的文明，积累了大量的财富。为此，每个人都要努力学习，才能在浩瀚的知识海洋中畅游。在不同的学习阶段，每个人都有不同的学习目的，最重要的是一定要坚持学习的乐趣，才能学得更好，也才能有的放矢地主宰和把控命运。荀子曾经说过，学不可以已。这就告诉我们学习应该是循序渐进和坚持不懈的，一旦停止，就会退步。在现代社会，人才竞争已经转化为学习能力的竞争，用人单位对人才的要求越来越高，我们必须全力以赴做好该做的事情，才能更加有的放矢地完善人生，也事半功倍地提升自己。实际上，人生是一个不断追求自我、超越自我的过程，唯有坚持学习，才能提升人生的境界，也唯有不断学习，才能成就更好的自己。

书籍，是人类的精神食粮

在拥挤的公交车厢或者地铁车厢里细心观察，你就会发现除了大多数老人和年幼的孩子之外，很多年轻人都在盯着手机看。他们或者在网页上浏览花边新闻，或者在看各种搞怪的视频，面对这类低头族，人们忍不住忧虑。不知从何时起，人们渐渐地舍弃了纸质书籍，而选择在便携易带的手机上看各种电子文字，且不说电子产品对于视力不利，也少了纸质书籍的油墨香气。

众所周知，书籍是人类精神的食粮，尤其是那些已经经过历史的检验，成为经典的书籍，更是能够让人们在阅读之余和古代的先哲、伟人进行心灵与心灵的沟通，进行灵魂与灵魂的交融和碰撞。所以爱读书的人都有着独特的气质，也许短时间的读书并不会让人有明显的改观，但是长时间的阅读一定会让人腹有诗书气自华。所以爱阅读是一种非常好的习惯，手不释卷更是会让人在学习的过程中始终与书香为伴，与知识为伴，就像身边有一个非常好的朋友在陪伴一样，是能够使人受到有益的影响的。

古人云，开卷有益，只要避开那些教人学坏的书籍，不管看什么类型的书，都会给人带来好的影响。例如，看哲学的书籍，让人心智神明，洞察深刻的人生；看医学方面的书，让人对于人体有更加深入的了解，也懂得养身；看百科方面的书，可以拓宽人的视野，让人更加思维开阔；看社交方面的书，可以提升人的社会交往能力，让人学会与人沟通，也能够设身处地为他人着想，从而搞好人际关系，拥有丰富的人脉资源……总而言之，看书使人明智，任何时候，都要积极主动地看书，与书为伴，才能让书香浸润我们的心灵，让知识充实和丰富我们的灵魂。

在美国，有一个大名鼎鼎的心理学家曾经说过，播种一个行动，收获一种习惯；播种一种习惯，收获一种性格；播种一种性格，收获一种命运。由此可见，从某种意义上来说，习惯决定命运，而读书的习惯也的确会真正改变人的命运，使人终身受益。

早在古时代，人们就意识到读书的重要性，所以才会说“读万卷书，行万里路”。读书随时随地都可以进行，而行万里路却需要具备很多方面的条件，为此和旅行相比，读书是更容易进行和坚持的，与旅行也并不相互冲突。所以在还没有条件去旅行或者不能把旅行作为人生常态的情况下，我们可以边学习边阅读，也可以边工作边阅读。实际上，一岁多的孩子就可以看绘本，为此父母要更早地培养孩子阅读的好习惯，这样才有助于孩子爱上阅读，也有助于孩子的成长。

当然，要想培养阅读的好习惯，并非简单容易的事情，必须在很多细节方面都面面俱到。首先，要做到手不释卷。很多人都抱怨生活和工作的节奏非常紧张，根本没有时间看书，实际上当你真的想要看书，你会发现有很多零碎的时间都可以用来看书。例如，可以利用等公交车的时间，或者是在约会朋友的时间间隙里读书。日积月累，当把这些零碎的时间整合起来，就可以产生强大的阅读效应。此外，每到周末的时候，应该固定大段的时间看书，渐渐地把阅读当成一种良好的习惯和生活方式，那么阅读就会变成水到渠成的事情。其次，还要在家庭生活中营造读书的氛围。不管家里有没有孩子，都应该在固定的时间里一起捧起书本，这样一来，全家人可以交流读书的心得，也可以让家庭处处弥漫着阅读的气氛和书籍的油墨清香。最后，要养成良好的阅读习惯，在阅读的时候要带着纸笔做阅读笔记，也要进行深入的思考。读书最终的目的是用书本上的思想充实自己的灵魂，如果读书之后马上就忘记了，那么就无法得到良好的效果。所以读书是一种途径，书籍是一种媒介，读书最终的目的是与作者交流，感受作者的思想，也接受作者的启迪。这样的阅读，才是更加深刻和收获满满的。

技多不压身，何不趁着年轻多学艺

常言道，技多不压身。趁着年轻，我们要多学一些技艺，这样才能够行遍天下都不怕。如果没有求生的技能，只能做平淡无奇的、随时都有可能被替代的工作，将来如何能够保证自己有长足的发展呢?

从心理学的角度而言，要想在职场上纵横驰骋，一定要具有核心竞争力，这样才能让自己无可替代，也才能让自己拥有奋斗的资本。有一点是毋庸置疑的，那就是如果不趁着年轻的时候多多努力，等到老了的时候就会因为没有经济基础而导致生活困顿。既然技多不压身，为何不趁着年轻的时候多学艺，从而让自己的人生有更好的成长和发展呢？任何时候，有付出才有收获，虽然有的时候付出之后未必有收获，但是如果不付出，就会没有任何收获。人生总是需要积累的过程，世界上从未有一蹴而就的成功，也不会有天上掉馅饼的好事情。对于每个人而言，学习就是在这个世界上不断认知和创新的过程，只有认识世界的本质，了解世界到底是怎么回事，我们才能发挥创造力，才能更加认知和了解世界。

有一窝老鼠生活在一户人家的储藏室里，每当夜幕降临、夜深人静的时候，老鼠妈妈就会带着小老鼠们出来寻觅食物。它们最喜欢去的地方是厨房，因为厨房里有一个厨余垃圾桶，垃圾桶里装满了人们废弃不用的食物残渣和剩饭剩菜，对于老鼠而言，这恰恰是不可多得的美食。为此，每次来到垃圾桶，老鼠们都觉得像是发现了深山里的宝藏，满怀欣喜。

有一天，老鼠妈妈和小老鼠们又像往常一样围聚在垃圾桶旁边准备大快朵颐，突然听到一声猫叫。老鼠妈妈心惊胆战，感觉到猫咪越来越近，因而赶紧带着小老鼠们寻找安全的地方躲避。然而，猫咪可是把老鼠当成天敌，看着四处逃散的老鼠，它丝毫不留情，继续追赶。这个时候，有一只老鼠跑得比较慢，被猫咪抓住了，吱吱乱叫，向着妈妈求助。就在猫咪已经张开大嘴想要吃掉老鼠之际，突然传来狗的叫声，猫咪也吓得四处逃窜，转瞬之间就不见踪影了。这个时候，老鼠爸爸从墙角里走出来，对小老鼠说："我早就告诉你技多不压身，如果你们也学会和我一样的本领，能够惟妙惟肖学习狗的叫声，今天也就不会险些被猫咪吃掉。"

当然，这只是一个故事，但是却告诉我们一个道理，如果有机会，也有条件，多学一项技能总是没错的。大文豪高尔基曾经说过，一个人要想度过充实的一生，就要多多学习技艺，这样才能保持旺盛的学习欲望，也才能保持进步的人生姿态。

记住，技多不压身，机会永远都是留给有所准备的人。作为年轻人，与其浪费宝贵的时间用于吃喝玩乐，还不如趁着年轻的时候精力旺盛，学习的能力很强，更加积极主动地学习更多的知识，也帮助自己有效地获得成长。记住，凡事宁早不晚，只有把事情做在前面，才能让自己富余出更多的时间，也才能让自己获得更多的成长和更大的进步空间。当事情的发展不如意的时候，还可以有更大的回旋空间去努力改变，即使事情很糟糕，至少可以挽回一部分结果，不至于让事情无可挽回。

专心致志，才能保证学习效果

很多父母都因为孩子在学习方面没有显著的进步和良好的成效而感到发愁，甚至因此而怀疑孩子的智商。其实，心理学家经过研究证实，大多数孩子先天的智力因素都相差无几，而之所以每个孩子在后天的学习中成绩相差悬殊，就是因为他们对于学习的专注程度不同，因而学习的效果也截然不同。

所谓注意力，就是人们能否集中注意力去做一些事情，在此过程中也要有意识地屏蔽一些信息，再有意识地接受一些信息，从而集合起所有的心理能量，指向那些重要的事物。正是因为注意力有这样的特点和特性，所以注意力强的人在学习和工作方面都会有良好的效率。当然，集中注意力是很难做到的，例如，很多孩子在学习的过程中无法专心听讲，很多成人在工作的过程中总是三心二意，这就是注意力不能集中的表现。那么，哪些因素会影响注意力呢？诸如睡眠不足，诸如从小没有形成专注力、心思涣散等，都会导致人的注意力出现不集中的情况。越是在这样的情况下，我们就越是要有意识地提升注意力，从而才能让自己获得更好的成长和发展。

具体而言，要做到以下几点，才能提升注意力，让学习和工作效率倍增。

第一，保证充足的睡眠。充足的睡眠是注意力集中的基础。有很多年轻人特别喜欢熬夜，他们夜晚的时候就如同精神抖擞的夜猫子，总是看手机、玩游戏，做各种各样新鲜的事情，就是不想睡觉。这种情况下，必然导致睡眠严重不足，也会导致次日起床精神涣散，因为困倦而哈欠连天，自然无法集中注意力。其实，从养生的角度来说，早睡早起是更有利于身体健康的，所以年轻人也不要仗着年轻就是资本，总是对于身体怀着无所谓的态度，也总是以熬夜为光荣。

第二，要有明确的目标。很多父母经常辅导孩子写作业，就会发现如果给孩子限定时间和作业量，孩子完成作业的效率就会高很多。而如果任由孩子自由地写作业，那么孩子完成作业的效率就会很低。其实不仅孩子如此，成人对待工作也是如此。当怀着敷衍的态度工作，也许一天的时间里根本没有做出实质性的工作内容。如果给自己设定短期目标，也提前做好一天的规划，那么当天的工作效率就会很高，也会感觉非常充实。

第三，营造良好的环境。诸如让一个人在吵杂的环境工作，四周人声鼎沸，各种分散注意力的因素层出不穷，这个人自然无法集中精神去做事情。而当周围非常安静，也没有更多的干扰因素，则可以集中所有的注意力，专心致志地把手中的事情做好。

第四，培养自己对于所做事情的兴趣。正如人们常说的，兴趣是最好的老师。如果对于所做的事情感兴趣，那么就更有利于集中注意力。如果对于所做的事情不感兴趣，如孩子很排斥和抗拒写作业，那么根本不会集中注意力。所以做自己感兴趣的事情时，人们会感觉更容易，而如果所做的事情是自己不感兴趣的，那么就会感到很不容易，也因为效率低下而心生疲惫。

第五，适当减压。现代社会每个人都压力山大，要想把事情做得更好，一味地疲劳作战是不可取的，在感到心力交瘁的时候，可以有的放矢地给自己减轻压力，如做一些轻松的运动，进行郊外远足等。总而言之，不管学习和工作多么辛苦和忙碌，我们都要以可持续发展为原则，更加全力以赴做好该做的事情，才能有所收获。

俗话说，空面袋子不管怎么竖也根本竖不起来，这就告诉我们人必须有一技之长，才能获得更好的成长和发展，也才能充实自己，获得进步。若整个社会都在进步和发展，你却止步不前，那么无形中就会退步，也会因此而陷入被动的状态，变得无奈和落后。

参考文献

[1]苏翠.格局大了，事就成了[M].北京：企业管理出版社，2014.

[2]吕荇.心量决定气量，格局决定结局[M].北京：中国华侨出版社，2014.

[3]刘丽云.决定你人生的不是能力，而是格局[M].南京：江苏凤凰出版社，2018.